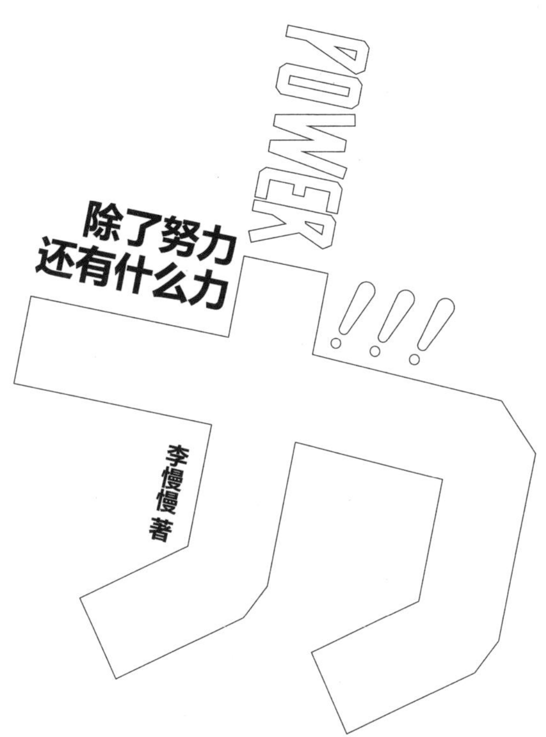

除了努力还有什么力

李慢慢 著

江苏凤凰文艺出版社
JIANGSU PHOENIX LITERATURE AND ART PUBLISHING LTD

图书在版编目（CIP）数据

除了努力还有什么力 / 李慢慢著. — 南京： 江苏凤凰文艺出版社，2019.8

ISBN 978-7-5594-3929-1

Ⅰ. ①除… Ⅱ. ①李… Ⅲ. ①成功心理－通俗读物 Ⅳ. ①B848.4-49

中国版本图书馆CIP数据核字（2019）第151707号

书　　名	除了努力还有什么力
著　　者	李慢慢
责任编辑	孙金荣
策划编辑	杨　帅
责任校对	张婉宜　孔智敏
出版统筹	孙小野
封面设计	金牍文化 · 车球
出版发行	江苏凤凰文艺出版社
出版社地址	南京市中央路165号，邮编：210009
出版社网址	http：//www.jswenyi.com
印　　刷	三河市金元印装有限公司
开　　本	880毫米×1230毫米 1/32
印　　张	8.25
字　　数	150千字
版　　次	2019年8月第1版　2019年8月第1次印刷
标准书号	ISBN 978-7-5594-3929-1
定　　价	39.80元

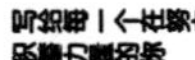

写给每一个在努力里
积蓄力量的你

每一种笨笨的力背后
都是真真努力的你

目录

爱掉线的社交力

没前任的恋爱力

羞羞的吸金力

有脾气的抗逆力

自带流量的治愈力

力!!!

除了努力还有什么力

+/−

爱掉线的社交力

不要去考验人性，
因为所有人都只关注人性崩塌的那一瞬间，
而没有人关注它之前坚强承压的分分秒秒。

他人对你的尊重，从来不是因为你的顺从

别不好意思拒绝别人，反正那些好意思为难你的人也不是什么好人。

桃子是我的邻居，因为她厨艺甚佳，所以我常常过去蹭饭，便渐渐熟络了起来。

每天早上我都比桃子出门要早半个小时，可最近经常在电梯里碰见她，一问才知道，她的一位同事住在隔壁小区，两人上班顺路，所以桃子要调整时间，提前出门去接同事。

可桃子明显是有些不情愿的。

桃子和那个同事不是同一个部门，平时交集不多，更谈不上什么交情。就是上个月的一个周一早上，桃子在路口等灯的时候，看见这位同事一直打不到车，便摇下车窗问了句：“叫不到车？坐我车一起走吧。”

同事上车之后连连道谢，说自己正在因为起

床晚了而懊恼，早高峰的车又特别难叫到，说桃子是她的幸运女神。

“以后我们就一起走吧，我可以帮你带早餐。”

桃子有点不知所措，但又不好意思打断同事的话，只好默默地继续开车。**毕竟对成年人来说，沉默已经是一种拒绝了。**

可没想到的是，在这之后的每天早上，这位同事都在车库出口等她。老远看见她开车过来就冲她招手，有时候桃子稍微迟了几分钟，她便开始微信、电话连环轰炸。

桃子很憋闷，早高峰虽然拥堵，但自己一个人在车里，听听音乐和广播，也算是工作前给自己的缓冲时间。可自从捎带了这位同事，每天早上独处时光变成了尬聊。

她尝试过很多种委婉的推托办法，比如：自己早上要先去一趟超市买蔬菜沙拉，或者要帮哥哥送小侄女去幼儿园等，可她得到的回应却永远是，“蔬菜沙拉我也喜欢，我也去买一份好了”或者“那我也跟你一起去送小朋友上学吧”……

“为什么不直接说明你更习惯一个人出行，不想被长期打扰呢？”我问桃子。

“怎么说都是一起共事的人，拒绝她总是有些不好意思。”桃子撇撇嘴。

有太多人情的烦恼并不来自拒绝本身，而是明明不情愿付出，却又不想承担拒绝后要承受的代价。所以习惯了把问题归咎于对方，希望对方能趁早知趣。

不管我们到了什么年纪，对人际关系的不安全感都会存在的，生怕拒绝了别人就被抛弃，被讨厌。能否满足他人的需求，便成了我们是否受欢迎的首要因素。

有一天，桃子生病了，请完假吃了感冒药便准备继续睡。刚刚有了困意，就被同事的电话吵醒，刚接通，对面就是一通责怪的语气："你到哪里了，再不来就迟到了！"

桃子一听也很窝火，想着不如索性摊牌好了，便平复下情绪说："我今天身体不舒服请病假了，并且我们以后还是不要每天一起上下班了，不过你哪天有急事，还是可以给我打电话的。"

同事在电话那头愣了几秒，什么也没说便挂断了。

我们总是害怕在拒绝后就失去了一个朋友，但其实有的时候对真正的朋友说"不"并没有什么关系。

让桃子没想到的是，第二天去了公司，大家看她的眼神都怪怪的。

午餐的时候，桃子的助理跟她说，那位同事昨天一早到了公司便在办公区大吐苦水，说桃子不近人情，上班顺路都不愿意载她，她每天都给桃子带早餐，并没有白白蹭车等等。

"公司的人不理解你，那你有没有后悔拒绝同事？"我问她。

"没有，我反而庆幸自己说出了口。她坐了我两个月的顺风车，因为我的拒绝就到处卖惨说我的不是，这样的人早早远离还是好的。”桃子淡定说道。

你看，即使你勉强去按别人的意愿行事，也未必能获得别人的喜欢和尊重。

他人对你的尊重，从来不是因为你的顺从。别不好意思拒绝别人，反正那些好意思为难你的人也不是什么好人。

别人浪费你的时间，都是经过你允许的

前段时间，我和表妹约好了周五下班一起吃晚饭，结果她说她正在加班，没办法，我只好在餐厅打包几个她爱吃的菜，去她公司找她。

到了之后，我发现整个办公区只有她一个人孤零零地坐在角落里加班做 PPT，整个人的状态超差，像被霜打的茄子。我问她什么情况，她支支吾吾地说，是帮大家的忙。但是，她这个帮忙的范围有多大呢？

比如：工作一周终于等到双休日，本打算周六就宅在家里看看一直没来得及看的电影，准备点零食彻底放松一下。一起实习的女生却临时找她去逛街，考虑到毕竟是一起进入实习期的同事，不好意思拒绝，便只好不情不愿地去赴约。把本该用来解压的时刻兑换成一下午身心

俱疲的 shopping。

再比如小长假，本想着跟家人自驾游去周边城市度个假。一起做团队合作项目的同事偏偏这个时候冒出来，用各种各样看似无法拒绝的理由，把他那部分没有完成的工作任务直接推到她这里，说“我这就差一个小想法了,我实在是有要紧的事,帮我个忙好吗？”,这一个“小想法”就花去了她将近一天的时间,小长假已耗费 1/3,自驾游也泡汤了。

为什么对别人说“不”会这么难?

或许是觉得，拒绝后的关系处理起来太麻烦，多一事不如少一事，想着既然对方没有对自己造成太大的伤害，就算了。**可你要知道，这样想的你就没资格抱怨了，因为别人浪费你的时间，都是经过你允许的。**

涉世未深的时候，我们会把自己的天真、热情、友善都写在脸上，恨不得对每个新认识的人都掏心掏肺；但在熟悉这个社会的套路之后，我们的脸便重新写上“很酷，不聊天”。我们宁愿让所有不熟的人觉得自己是个高冷鬼，也不想日日夜夜扮演一个 360 度无死角的滥好人。

对需要帮助的人，我们应当永葆热忱和爱心。但并不是苛求自己不断满足别人的需求，而忽略自己的内在想法，让自己活在逼死自己的节奏里。

有时候，你选择与一个什么样的人相伴，与什么样的人为伍，就选择了什么样的生活方式。不懂拒绝，就是变相任由别人一次次打乱你的生活。只有学会了拒绝，你才能找回你自己，别人也会“放过你”。

有一次，我大学同学小美来这边出差，给我打电话问是否方便来我家留宿两天。从毕业到现在确实有好多年没见，一听她要来，我超开心，便很爽快地答应了。

可没想到的是，她来的当天还带了一个女孩。她发消息跟我说，女孩是和她从小一起长大的朋友，刚好也在这边上班，得知她来，就想和她一起住，问我可不可以。

我想了一下，还是觉得不太舒服。首先，我长期自己住，家里又是一居室，没有多余的床具；其次，小美事先没有告诉我还有另外的人，没有任何准备的情况下，就没法照顾到对方。确定想法后我便打电话给她："不好意思小美，我家现在的空间可能不太适合我们三个人一起住，你们俩又舟车劳顿，我很担心你们休息不好，正好离我家不远的地方有个性价比很高的酒店，这周围吃的玩的地方我又都熟悉，也方便带你们逛，房间我已经帮你们预订了，等会儿可以直接送你们过去。"

小美在电话那边支支吾吾了半天，但也顺水推舟地答应了。

有时候，确定自己选择拒绝的原因，又能敢于接受拒绝会带来的结果，也是一种内心的强大和处世的成熟。

所以，不要害怕拒绝别人，当一个成年人开口提出要求的时候，

他的心里本就预备好了两种答案。所以，给他其中的任何一个答案，都是他意料中的。接受被拒绝，是每个成年人都基本具备的心理素质。

我们从小受到的教育中，有一项一定是吃亏是福。可是我的成长经验让我渐渐发觉，吃亏不一定能带来福气，但一定让人很受气。

我很喜欢之前看到的一段蔡康永的采访，他说："其实我是鼓励大家做一个比较冷淡的人，我不认为过于温暖，是一个跟别人维持良好关系的一个立场，如果被温暖两个字给绑住，就更吃力。"

当然，冷淡并不是冷漠，而是充分给自己说"不"的权利。让别人知道你的界限在哪里，原则在哪里。学会"拒绝"，学会让自己从本就复杂的人际关系里透透气。

做人要有分寸感

成人之间的关系其实很脆弱，一段关系的成败都在一个度上。这个度关乎情商，关乎敏感力，关乎教养，稍不留神过了界，便会让对方很反感。

孟子他老人家曾说过："人之忌，在好为人师。"

有不少人打着苦口婆心为你好的旗号"关心"你，但这一点都不影响他们招人烦。比如我同事舟姐，心眼不坏，就是说话总爱给别人添堵。

我们部门有个姐姐，今年 30 岁出头，一直没找到合适的结婚对象。可如今经济独立，精神生活丰富的单身女性不在少数，三十几岁未婚并不是什么稀奇的事。可每次聊到婚姻的话题，舟姐都要拽着这个姐姐说一番"为她好"的话："现在 95 后的小姑娘一个个娇滴滴的，嫩得都可以掐出水来。你再不抓点紧，以后就只能找个离过婚的男人，给人家孩子当后妈了。"

姐姐尴尬地笑笑不回应，大家在旁边也都一脸无奈。

可舟姐完全没有察觉到气氛不对，继续说："新闻都报道了，现在大龄剩女比例持续增长，没结婚的可要抓紧了。"舟姐发表完她的肺腑之言后，气氛可谓是冷到了冰点。

舟姐是故意戳同事痛处吗？其实并不是，只是她对女同事所谓的"好言相劝"不仅没有起到关心安慰的作用，也没能让人 get 到她的"良苦用心"，反而让对方心生厌烦，关系越来越疏远。

关心身边的人没有错，但真正有效又舒服的关心，并不只是站在自己的立场去关心，而是要换位思考地去关心，能将心比心地站在别人立场想问题，更要先一步想到说出口的话会造成的后果。

后来这个姐姐找了个高高帅帅的男朋友，可惜听说在订婚后没多久就取消了婚约。她请了一周的假飞去海边散心，回来上班的时候，手上的订婚戒指摘了，整个人也瘦了一圈。但凡有点智商的人都能猜出来发生了什么，大家平时关系都还不错，自然要去关心一下。姐姐强颜欢笑说两个人性格不合，就和平分手了，多的话也不提，我们自然不会去追问，这毕竟是她的私事。大家主动找些开心的话题，打个岔便过去了。

这个时候，舟姐坐不住了，凑上来问："是聘礼嫁妆没谈拢分了，还是你发现他出轨了？"天哪，整个办公室的人，都被她这一句话惊得愣在那里，谁能料到真的有说话这么不知分寸的人。

大家都是成年人了，应该明白，别人可以忍受你的叽叽喳喳，忍受你的放纵不羁，甚至可以原谅你的无端猜测，但没有人会对你的无知无礼丝毫不介意。

生活中总是有很多这样不管不顾，爱打听别人隐私的人。

一见面就问，你年薪多少啊？房子买的是学区房吗？多大面积，全款还是贷款？怎么还不买车？孩子吃的是进口奶粉吗？幼儿园是双语的吗？

再或者，你早起出门去地铁站，邻居阿姨会“心疼”地问你：“你男朋友怎么没开车送你啊？”情人节那天你加班到很晚，回来路上碰见门卫大爷，“今晚好几个女孩捧着花回来的，你怎么空着手回来的啊？”

成人之间的关系其实很脆弱，一段关系的成败都在一个度上。这个度关乎情商，关乎敏感力，关乎教养，稍不留神过了界，便会让对方很反感。

我们这些老百姓都会遇到这种烦恼，基本没什么私生活可言的明星更是苦不堪言。

好早之前有过一个关于贝克汉姆一家的新闻：贝克汉姆和长子布鲁克林、女儿小七到加州餐厅用餐，离开时还在停车场即兴玩赛跑。

小七含安抚奶嘴的照片曝光后，引来不少家长与育儿专家的批评，英国《每日邮报》也以“专家警告：如果持续吸奶嘴，可能会有语言与牙齿生长问题”为题来专门警告小贝夫妇。

向来温和的小贝对此十分不满，在社交网站上霸气回应：

“为什么人们会觉得他们可以在没搞清楚状况的情况下，去批评一名父亲带小孩的方式？为人父母都知道，小孩子在不舒服或发烧时，最能安抚他们的举动，多数情况下就是用奶嘴，所以这些批评的人，在你对别人的孩子说长道短时，应该要三思，因为实际上，你们没资格批评我怎么当家长。”

有些人就是这样，无论别人说什么，做什么，也不管是不是八竿子够不到的关系，总要自以为是地评论一番。这样的人，你也说不清他们是无聊至极，还是古道热肠，反正他们就是喜欢对别人随意评论。

你工作卖力，有人笑你死脑筋；你心地善良，有人说你傻；你不想放弃，有人说你自不量力；甚至你只是去看了一场画展，有人都要说你装文艺……

但你要明白，对你指指点点的人，根本就不会对你的人生负责。他们只是习惯了对别人的生活横加指责，顺便有意无意惊扰了别人的幸福。

对付那些喜欢瞎操心的人，无外乎两种方式：如果是指点，那就虚心听一听；如果是添堵，那就直接无视，不理他。

网上有个段子写得特别好：“有人尖刻地嘲讽你，你马上尖酸地回应他；有人毫无理由地看不起你，你马上轻蔑地鄙视他；有人在你面前大肆炫耀，你马上加倍证明你更厉害；有人对你冷漠，你马上对他冷淡疏远。看你讨厌的那些人，轻易就把你变成你自己最讨厌的样子。这才是‘坏人’对你最大的伤害。”

每个人想要的生活都不一样，你想要自由，他追求成功；你喜欢安安静静开个小店，不追求纸醉金迷的生活，他想要赚很多的钱供自己挥霍。

千人千样，每个人都有自己的故事，每个人都是自己故事里的主角，不管故事是平淡无奇，还是曲折坎坷。你可以不接受别人的生活方式，但是请不要随意点评别人的生活。

适当的距离永远都是良好关系的保鲜剂

什么是分寸感？不是疏远，不是傲慢，而是懂得站在各自的角度上，清醒地认识到自己的位置。不过分干预他人的生活，也不会提出什么无理的要求。

小歪因为这事儿跟我大吐苦水。她以前和井井的关系很好，有时候，下了班两人还会约着一起逛街、做SPA，周末互相去对方家里蹭饭也是常有的事。后来，井井辞职去了广州，两人渐渐地就淡了联系，也不再有那么多的交集。

前段时间，小歪出差去广州，叫上井井一起去野生动物园。想着能见到许久不见的好朋友，小歪从出发当天就特别兴奋，可谁承想这一路，小歪玩得并不开心。井井先是说自己如今过得多么精彩，在大城市如何长见识，随后就开始说小歪窝在家乡拿着2000块的工资没什么前途，劝她也赶紧走，“你看你成天坐办公室，腰都粗了一圈。你在老家能有什么发展，做得再好也不过就是这样。过几年找个普通男人嫁了，不就和小区里那些阿姨一样了吗？”

小歪说她那天回到酒店，失落了一晚上。看着落地窗外灯火通明，自己的心却凉了大半截。因为井井的话，让她联想到近期的不顺心，觉得自己的人生很失败。从那以后她便很少打电话给井井，井井有事找她帮忙的时候，她也不再像从前那般用心。

成年人之间的交往是懂得点到即止，而不是这样肆无忌惮。

友谊的小船翻起来，会比你想象的更加剧烈。有时候，过于亲密的关系会模糊两个人之间的分寸和界限，等到了全面崩盘的时候，那种被在意的人伤害、误解的情绪一股脑扑来时，便会成为压死骆驼的最后一根稻草。因为我们都曾付出过自己的真心，因为我们都曾认为，对方是和我没有血缘关系的亲人。

这世间很多人，往往各怀心思、很难一眼望穿。年轻的时候还好，再多的误会我们也愿意用尽力气去解除，去问一句“为什么？”“怎么了？”，大不了吵一架、打一架、哭一场，也就和好了。

可长大以后不一样了，我们的精力和时间有限，我们的信任变少了，底线变高了，我们不容冒犯，再也不愿意轻易地原谅与和解。

和好朋友闹掰这事，在我自己身上也发生过。

妹妹暑假期间，我带她去了香港迪士尼。拍了一堆美食美景和可爱的卡通人物，自然要晒几张照片的。评论里有人问票价和游玩攻略，有人推荐当地人气高的餐厅，有人求帮忙代购，还有人说：“一到假期就出去潇洒，肯定攒不下存款吧？”

这格格不入的评论让我没办法忽视，我反复看了好几遍，确定那个头像是我的初中同学小竹，而不是我那些爱管闲事的远亲。

我没有回复，也没记在心上。但从那之后，我发的每一条朋友圈，小竹都要点评一番。

我报名了花艺沙龙课，制作了万圣节风格花束，小竹评论“把花插在南瓜上？南瓜明天就会腐烂坏掉的”；我带狗狗去宠物乐园游泳，小竹评论“现在养宠物都这么高级了，小狗游泳肯定不便宜吧”；我去网红地拍照打卡，小竹评论“这有什么可拍的”；我抢到了期待已久的偶像演唱会门票，小竹评论“明明在家看得更清楚吧……”

对于小竹的评论，我起初就当没看见，因为我不知道该如何回复她。我深夜码字赚稿费，眼睛干涩得连隐形眼镜都摘不下来的感觉，她并不能体会。我的狗狗带给我的陪伴和喜悦，是无法用钱衡量的。从 15 岁就喜欢的偶像，买一张门票去看看，有什么过分？

但这些，我都不想跟小竹解释。因为每个人都有选择自己人生的权利，只要你喜欢自己的生活，那对你来说就是幸福。长大后的我们交集越来越少，别说感受对方的心路历程了，连参与对方成长都变成了不可能。

真正触发我俩关系分崩离析的，是有天晚上我敷着面膜在赶稿子，小竹发来微信：“我今天碰见你妈妈了，阿姨说你还没有男朋友。我们认识这么多年了，我劝你一句，工作差不多就行了，挑男朋友的眼光不要太高，过了 30 岁只能等着别人对你挑挑拣拣了。”

这条信息彻底影响了我写作的情绪，我扯下面膜甩在一边，忍不住回复小竹：“每个人都有自己的路要走，每个人也都有自己的选择，我喜欢我现在的生活。我不评价你的生活，也请你别对我的生活指指点点好吗？”

发过去后，小竹没有再回复我。

然后我就开始反省自己是不是最近工作压力大，情绪把控不住，想再发一条微信缓解尴尬。然而我发现，自己已经被小竹拉黑删除了。我呆呆地看着屏幕上那一行细细小小的字："对方开启好友验证，你还不是他（她）的好友，请先发送好友验证请求，对方验证通过后，才能聊天。"

这让我霎时有点恍惚，想起上学那会儿，她会每天早上在我家楼下等我一起坐校车，会在我回答不上来老师的提问时，偷偷告诉我答案。

谁都有几个死党、闺密，我们之所以喜欢在一起玩闹，除了彼此熟悉之外，还因为我们在提及对方糗事的时候，会在心里有一个合适的度，知道不戳痛点，避开雷区，知道哪些是对方心里的疤，不去轻易碰触。

人际交往中，最怕的就是你不懂分寸感，不懂和人保持距离，搞不清楚自己的定位。

那些真正过得好的人，都在忙着热爱生活、发现美好。只有那些理不清自己的人，才喜欢用自己的无知和浅薄去别人的生活里插一脚。

人与人之间最舒服的关系是，懂得自己在他人心中的分量，懂得察言观色，懂得适可而止。不必要靠得太近，各自过好各自的生活，也不用离得太远，在真正需要的时候能够伸出手。距离产生美，这句老话是很有道理的。

无论是朋友、爱人还是亲人，适当的距离永远都是良好关系的保鲜剂。

真正关心你的人，会用一种有分寸且更有效的方式帮助你，并在意你是否开心、健康，而不是以“关心”之名去打探你的隐私。

一个真正有修养的人，更不会过度干涉别人的生活，而是出言有尺，嬉闹有度。

能够用“慈悲心和包容心”去对待别人，懂得语言有治愈力的同时也有杀伤力，懂得不以自己的角度去单方面地看待问题，懂得学会欣赏和悲悯，学会善待他人。

所以当你准备吐槽、准备翻白眼不屑、准备批评掐架的时候，请收起你的冲动。

勿用自己的见识和价值观去衡量、指责、评价别人，是对人对己的尊重。希望你不要轻易去别人生活里指手画脚，也不要轻易被别人打扰。

人与人之间最好的相处状态，大概就是，我们偶尔一起谈谈自己的理想，我虽然不懂你，但我尊重你。

都是第一次做人，凭什么总是让着别人？

所谓“懂事”有时是一种不公平的善良，成全了别人，委屈了自己。没有人生来就是强者，大家都是一个心脏，谁能比谁更坚强？

办公室里，总会有这样的人。

勤勤恳恳工作，黑锅他来背，成果归别人；同事和男朋友视频聊天错过午餐，却要他帮忙带饭回来；明明可以按时下班，约了朋友小酌，同事借故感冒让他帮忙处理烂摊子；年会上抽奖抽到空气净化器，却让给了同事，原因是同事刚怀了宝宝……

我朋友佳明就是这样的人。即便自己心里百般不舒服，但是当别人看他脸色不对，追问他发生了什么时，他立马挤出一个笑脸：嘿嘿，没什么。

时间久了，大家都会说一句：佳明人真好，懂事啊。

大概只有几个要好的朋友知道，他有愤怒，

有委屈，也有难过。事实上，因为工作关系，大家低头不见抬头见，他只是不好撕破脸。这世上，哪有什么一笑而过，有的不过是打碎牙齿和血吞的成熟。难道懂事的人，就不需要公平吗?

他们习惯性友善，对于伤害，选择性忘记。但他们笑嘻嘻的，不代表他们就不会受伤。

所谓“懂事”有时是一种不公平的善良，成全了别人，委屈了自己。没有人生来就是强者，大家都是一个心脏，谁能比谁更坚强?

带着“好人卡”，不仅是在生活职场中，即便是在爱情里也会让人步步受挫。

如今的阿西，站在未婚夫身旁，两人般配得在人群中十分亮眼。得体的轻熟风裸色长裙，高高盘起的发髻，自信甜美的笑容让她看上去仿佛被一圈光环笼罩着。可没几个人知道两年前她和前男友分手时心如止水、面若枯槁的样子。

阿西是一个独立并且懂事的姑娘，在她的上一段恋爱里，她始终扮演着一个大女人的角色。

她能够把自己的生活安排得井井有条，还能心思细腻地为男朋友打理好一切。我们从没见过她和男朋友撒娇，或是像其他女孩子一样偶尔和男朋友闹个小脾气。

阿西生日的时候，跟男友约好了下班一起吃饭看电影，可男友因为要陪客户走不开，便取消了约会。因为电影票不能退，阿西自己一个人饿着肚子去看了电影。

“他忘了你的生日已经是不对了，你为什么也不说呢？”我们不解。

“不想耽误他工作啦，他也很辛苦的。”阿西笑着说。

他不懂她的假装冷静，她也不懂他是真的冷漠。

看杂志的时候，男友随口说了句短发女孩更活泼可爱，阿西就剪掉了心爱的长头发；男友喜欢的球星发售了限量款球衣，阿西付双倍代购费在国外买回来；男友喜欢打游戏，阿西盘算着给他买个什么样款式的鼠标和键盘玩得更灵活……

恋爱中的女人，智商大多是不在线的，旁观角度的我们哪会看不出来，一个人若是心里有你，你根本不必讨好，若是心里压根没你，那更加不必。不对等的恋爱关系，说到底都是深情的那个人赋予对方的权利。爱情虽然没有绝对的公平，但长期严重失衡一定是不会长久的。

如果做一个处处懂事体贴的女朋友，可以换来同等的爱和照顾也是值得的。偏偏好姑娘总是不被珍惜。阿西两年来一味的妥协、一味的懂事让这段感情最后以男朋友的出轨而告终。

阿西接到那个女孩打来电话的那天，盛夏35℃的高温，她整个人却像被浇了一盆冰冷的水，从头凉到脚。阿西和男友对质的时候，男友始终低着头不说话，最后收拾了一下自己的东西，扔下一句：“对不起，我知道你很好，对我很好，但是她可能更需要我。”

什么叫她可能更需要我？渣男本渣无疑了。

阿西说她不明白自己哪里做得不好，自己明明很需要男朋友的爱护，怎么就成了别的女孩比自己更需要照顾了？

不是哪里不好，而是凡事都做得太好了。太过懂事，太过理智，大事小事都站在对方的角度思考，明明是需要更被爱和照顾的一方，却常常在一段感情里忽略了自己。

很多女孩子，从小到大最常听到长辈说的话就是“要懂事”。

可是长大后，你们有没有发觉，感情里一直让步和懂事的女孩往往是最容易被辜负的那一个。反而是那种有底线、高要求的女孩子，更能获得满意的感情。当然了，我不是让你们在爱情里当个“作女”，经常无理取闹，毕竟小作怡情，大作伤情。

其实很多女孩子并不是真的傻，不是不明白单方面付出的爱情是畸形的，但只要看到那张自己爱到不行的脸，就会一次次心软。

每一次妥协，都是在不断打破自己的底线，直到在一段关系里，真正低到了尘埃，可对方并不会爱尘埃中的你，等他转身离开时，你就成了他鞋底带起的灰。

到底输在哪里呢？输在没有原则，你的付出在对方眼里成了一种理所当然；输在你的步步退让，被残酷对待而不自知，还一味想着讨对方的欢心；输在你只记得一心对他好，却不回头看看，自己在这段感情里过得好不好。

你不必将自己的付出当成是一种爱，如果一份爱情让你变得小心翼翼，唯唯诺诺，那终究你会失去它。

对待感情，并不是因为你足够懂事对方就会喜欢你的，让对方感受到被需要，保留自己被爱的权利，爱情才会变得更加生动且长久。好的爱情，是跟他在一起后，连身边的朋友都觉得你更可爱了。而不是每天都活在他的喜怒哀乐下战战兢兢，整个人像个漏气的皮球，毫无生气。

有一种病叫作“体面癌”

那天有个姑娘问我：“我知道要更爱自己，可遇到事情时，却总是忍不住考虑别人的感受，还不见得会讨人喜欢，到底怎么才能成为一个不委屈自己，又受欢迎的女孩啊？”

我一时语塞，这个问题好难。我只能说，委曲求全、步步退让，这都是社交里的下下策。假如这其中还有你对“付出总有回报”的期待，那真的抱歉，你一定会失望。任何让自己感到委屈的社交关系都是不值得维系的。

我在人际交往中也有过这种感受，也不知道自己是不够自信还是怎么回事，总是习惯性委屈自己，成全别人。偶尔情绪极度不好，一改往日友善，身边的人不仅不会因为我一贯好脾气，偶尔爆发去体谅、包容我，反而会觉得我脾气古怪，甚至不再往来。

所以潜意识里想要取悦别人，牺牲自己的意愿来维持表面的友善。“要给别人留一个好印象”，是一种“体面癌”，这其实都是心灵脆弱的表现。

这也是我们尽心尽力做一个好人，但仍然觉得自己是一个失败者的原因。

无论谁来找自己帮忙，都会一口答应并办得妥妥的，比自己的事情还要上心。可一旦自己遇到了什么困境，却从来不会找人帮忙，觉得欠了人情难还，其实心里最害怕的是根本不会有人来帮自己。

那些别人口中的好人，对谁都维持着礼貌，节日的时候还会为大家准备小礼物。可每个落寞时分，却不知道该跟谁聊聊心事。

通信录里有几百号人，每条朋友圈都有很多人点赞，拍的照片会被人赞美，可似乎谁都没有走进过他们的内心世界。

小心谨慎维持着看似良好的人缘，同时又暗暗吃着各种亏。一边不舒服，一边又信了那句“吃亏是福”。到底真的是“吃亏是福”，还是“死要面子活受罪”，有时候只有自己心里清楚。

说到这，我突然想起我一位牛哄哄的朋友，大璐璐。

为什么想起她呢，因为她又难搞，又龟毛，可奇怪的是，朋友们个个都爱她。

大学时候，文艺部聚餐去吃四川火锅。到了店里，学姐拿着菜单说：“我们就点九宫格吧，好久没吃辣了，大家都可以吧。”

这种情况，你们懂的。不会有人好意思出来反对学姐，不出所料，大家都点头说“好”。

可惜那天大璐璐在场，她拄着下巴一脸没所谓地冲着学姐说：“学姐，我们可不可以点鸳鸯锅呢？我这几天口腔溃疡，真的吃不了辣。”

最让我抓狂的是，她每次干这种事都得拉上我垫背，说完她看了一眼坐在旁边的我，“你最近不是也上火牙疼，你也不能吃辣。”

学姐也不好说什么，叹了口气说：“行吧，就点鸳鸯锅。”

大璐璐上学的时候是校广播站的金牌播音员。有一次，一位同学的文章在校报上刊登了，于是这位同学找到大璐璐希望周末可以录下她的这篇文章，周一好在校园内播报。其他播音员都表示可以，只有大璐璐反对：“同学，你这篇文章的确很好，但是下周一已经有确定的播报内容了。我们有自己的工作计划，所以还请你提前申请，不要打乱我们的日程。”

后来我问她，为什么拒绝那位同学的要求呢，大璐璐说：

“周一那天是哥哥张国荣离开的日子，要出一期特辑，都已经准备好了，如果她是提前通知，我没理由拒绝的。”

“可是其他播音员都没意见。”

“不，他们有，他们只是不说。”

这就是我的好朋友大璐璐，永远是那个“敢于说出心中所想”的人——

“这个任务估计这周完不成，要下周才行。”

“这家店服务太差了，不吃了，我们走。”

“这件事还是你自己去办比较好，我不能代劳。”

大璐璐就这样，直言不讳，如此难搞，但我们都愿意和她做朋友。

忍，没问题；让，没问题。但是脾气再好，并不代表没有脾气。

体谅、慷慨、善良这些珍贵的品质当然要有，但是该维护自己的时候，不要让步更不能手软。“忍气吞声”和“委曲求全”都是烂品格，没有人会因为你觉得自己顾全大局作出的牺牲而感激涕零，你感动的都是你自己，因为你受的委屈只有自己知道，跟旁人没什么关系。

别人跟你道歉，你要说的是“我接受你的道歉”，而不是“没事”“没关系”，因为你那样说，他们还真就当真了，以为你真的无所谓。

一个人吃亏的频率太高，别人就会觉得你吃多少都吃不饱。就算你被折磨得精疲力竭，到了快撑不住的时候，别人也只会以为你是心甘情愿，这怨不得别人。

用委屈自己换来的体面，就是对他人意见、态度的畏惧。

这世界实在很烦，还在坚持着自己的一套处世原则，拼命坚守着自己的底线，用洪荒之力对抗着成人世界无聊又世俗的规则的人，真好。

独自行走于世，总该有点脾气

生活中和人吵架，大多都是些琐碎的事情。

从前因为在父母身边，许多问题都是父母处理，自己昏昏然觉得生活哪有什么烦恼。一个人在外独立生活后，很多事情很多细节，都要开始自己张罗时，才发现真是力不从心。

过去我一直认为，凡事都有规则，只要讲道理，有契约精神，基本就没什么问题。可事实上并不是这么回事儿。

我平日里常常提到“得体”两个字，可是最近的遭遇，让我发觉，即便你要求自己得体了，可不见得能被得体地对待。

在租房的第二年，我给自己首付了一套房子。挑来选去，最后选择了一家口碑不错的大品牌装修公司，即便他家的价格贵了一点点。

认真看完合同，签字，打款，就开始动工了，谁能想到，第一步运输水泥沙子的时候就出了问题。

工人将沙子抬到我家楼下后，给我打电话，告知我运输上楼需要付费。

What？合同里明明写着这部分没有额外费用，何况我一个女孩子，怎么扛着沙子上楼呢？“妹妹，这个确实不是我们负责的，人工抬上去需要付钱的。”我惊得一时说不出话来，想了想，给工长打电话说明情况，最后工长做出了一副迁就我是个女孩子，照顾我，让工人帮我把沙子抬上楼的姿态……

我当时就有种预感，这只是开始，装修这几个月我就别想踏实了。

果不其然，没过两天，我因为借手推车的事儿又和物业吵了一次。细节太琐碎不细说了，总之就是该做的记录我都有认真填写，该走的流程都走完，电话里好说歹说，就是解决不了。我实在没办法，便直接去面对面跟他讲清楚，放狠话要向他领导投诉，谁承想，事情就可以解决了。

还有一次我去银行办理业务。

那会儿银行刚刚开始投入使用机器服务，数量还比较有限，大堆人在机器旁排队。窗口明明有工作人员，却没有提出分流办理业务，整整排了 40 分钟，好不容易轮到我，却因为面部识别不出来而不能进行下一步，工作人员让我去窗口柜台办理。

到了窗口，工作人员简单划了下卡，就对我说："没什么问题，面部识别有时候不灵敏，你还是去机器那边排队吧。"

我回头一看，机器那边已经排了更长的队。

"我过去要重新排队了，我已经排了太久了，就在这办理吧。"

"办不了，你去那边排队。"

大概是夏天火气大吧，我隔着玻璃和里面的工作人员理论起来，"我已经耗费了很多时间排队，那台机器有故障，办理业务的人这么多，有人工柜台却不开放，把人折腾来折腾去，现在还要我重新排队？"

柜员白了我一眼，不说话。

负责人过来说带我去机器那边办理，我拒绝了，我要求在柜台办理，然后拿出电话准备拨投诉电话。

唉，那一刻我真觉得自己像个市井小人，在公共场合与人争吵，还要拿投诉相"威胁"，可是有什么办法呢，我规规矩矩按流程办事的时候，却并不管用。

负责人进去和柜员小声说了几句，柜员用极其不爽的态度帮我办完了业务。

所以想想，那些没信用不敬业的人会因为你的包容和体谅就学会善待别人吗？

我想未必吧，反而容易看人下菜碟，找软柿子捏。

我不是鼓励大家遇事就去吵架，去做骂街的“泼妇”，只是通过自己身上的经历去思考，觉得我们可以善良和宽容，但要适度，遇到不合理的对待时，不要默不作声，默许对方的专横，要为自己的权益据理力争。

心不怕苦，它怕委屈

朋友枪枪在一家知名公司的市场部实习。

公司接了几个大客户的项目，为了选拔人才，公司破天荒地将几位重要的客户分给了实习生。枪枪和另一个女孩一组，合作了一段时间之后，那女孩提出分工，建议性格内向的枪枪多负责数据调研和书面工作，而自己善于沟通，负责跟客户和老板及时汇报工作。

枪枪立刻答应下来，根据自身特点负责相应的工作，这样节省了时间，加快了工作效率，有什么不答应的呢？虽然项目推进过程中几次受阻，但我们都知道，实习生的热情和努力总是超乎我们想象的，最后她们如期提供了令客户满意的方案，枪枪心想：实习期应该可以顺利通过了。

项目结束的第二周，领导在部门会议上，高调表扬了那个女孩对此次项目的付出，明确表达了自己对她的认可，并破格提前结束她的实习期，正式进入市场部，第二天就可以办入职手续。

会议最后，领导用轻飘飘的语气说："另外，这次凌枪枪也表现不错。"然后就没有然后了。

委屈、不解、疑惑、不公平等小情绪翻滚在枪枪的心里，可她实在不知该如何开口问老板和那位同事。

枪枪说："所有的数据分析、所有的市场调研都是我做的，熬了多少个夜我都不记得了，黑眼圈现在还没有消。自己的努力被一笔带过，已经让人很心塞了，为什么同样的情况，别人却得到了更多？这个世界太坏太不公平了。"

我回复她："与其这样在心里别扭死自己，为什么不讲出来呢？去领导那里说明情况。"

写完后，我又一个字一个字地删除了。因为在打完字的那一刻，我已经想到她会怎样回复我了。

比如：领导会怎么想，肯定觉得我工作没有别人努力，却来邀功吧；当面对质，和同事的关系不就僵了吗；部门同事会不会觉得我是个很难相处的人，不利于以后工作吧……

果然，在我还没回复她的时候，她又发来一段："算了算了，忍忍好了。书里不是说了吗，是你的谁也抢不走。”

枪枪这样忍气吞声已经不是第一次了，职场如此，面对爱情的她也是如此。

年末聚会上，枪枪认识了刘先生，刘先生很主动地要了她的联系方式，早晨发“起床了，记得吃早饭”，下班发“注意安全，乖乖回家”，晚上发“小宝贝做个好梦”，言语间透露着“你是我准女友”的亲昵和暧昧，两人见了几次面，在一场电影结束之后，他牵了她的手。

枪枪像所有动了心的小女孩一样，为他熨烫衣服，为他洗手煲汤，为他准备礼物，为他制造惊喜。她以为甜甜的恋爱终于轮到了自己，刘先生却用了所有渣男惯用的套路。

“在干吗？”

“没干什么，睡了。”

枪枪登录游戏，发现刘先生在线。

“周末去看电影吧。”

“最近工作忙，周末想在家休息。”

周六那天的微信运动，刘先生走了 33760 步。

“我们买一套情侣装怎么样？”

“算了吧，太幼稚。”

当晚刘先生发朋友圈，说自己是单身狗一枚。

枪枪鼓起勇气打电话过去，得到的也不过是冷漠的几句敷衍："我在忙，以后再聊吧。"

很明显这就是现在最流行的**"洗衣机式的恋爱了"**，先泡着你，缠着你，围着你转，如胶似漆地纠缠在一起，再把你榨干，然后就把你甩在一边，晾起。

她纠结了许久，来找我商量，问我："我觉得我被备胎了，你说我是不是应该开门见山地问清楚呢？问他到底是怎么想的，问他到底有没有把我当他女朋友？"

可每次情况都一样，还没等我回答，她便否定了自己：

"可是他也没郑重其事说过让我做他女朋友，是不是我自己自作多情了？他拉我手又是什么意思，难道不是默认恋爱关系吗，还是只是随便聊聊呢？但是我这样问他，会不会显得我想太多呢？"

那么多的疑虑和质问，可直到两人彻底凉凉，枪枪也没能问出口。两个月后，刘先生删掉了她的微信，而她只能暗戳戳地注册一个微博小号，时不时地看着他的动态长吁短叹，感慨渣男套路深。

枪枪也不是完全糊涂的姑娘，从刘先生发朋友圈懒得屏蔽她开始，她就知道他对自己并无真情。可她的怯懦让自己变得越来越没有存在感，越来越不被在意。活在自己搭建的拧巴世界里，别人怎么救你呢？

我也曾经是个"脾气特别好"的人，用"好"形容并不准确，正确来说应该是“㞞”。

迈出一步前先脑补种种的可能，猜测别人会如何看待我，会不会损害我在别人心目中的形象等等，活得没劲且㞞，旁人夸我恬淡如水与世无争，其实我自己却心知肚明，像一只小白兔似的战战兢兢如履薄冰的我，过得一点都不开心。

我从未刻意学习过如何变得强硬，不过是在成长中栽进一个又一个坑之后，才明白人要学会保护自己。这保护有时是默默无声的，为自己积攒能量，但有时它必须发出怒吼。

别轻易辜负自己，你要勇敢为自己发声，说“不”。

没有人愿意耗费精力去做凶巴巴的人，只是很多时候，我们乖巧温柔得体地去表达诉求，未必可以得到真诚的回应，事情也未必能很快地解决。

这个时候，姿态稍微强硬一点，虽然是无奈之举，不过往往确实比较能解决问题。我只是不想当你面对生活的坚硬时，过于在意面子和胆怯，从而让自己委曲求全。

脾气这东西多不得，一点没有也是万万不可的。

该得体的时候必须得体，该理直气壮维护自己的时候，半点都不要怯懦。因为心不怕苦难，它怕委屈。

- 如果想关怀一个人，其实你什么也不用主动做。只要分出一小时给他，认真去聆听他，了解他的小情绪，甚至他脸上的微表情。听他说说心事，或者放纵他为一件微不足道的小事彻彻底底哭一场。一个普通人，得到的扎扎实实的关心太少了。
- 成年人的“心平气和”有时候并不是一种真正的宽容，只是以前那些用来解决与他人冲突的精力，现在需要被拿来解决自己内心的矛盾冲突。
- 降低对他人人生的参与感，是降低失望的最好方式。
- 你以为你在合群,其实只是在被平庸同化。人和人之间的区别，也许从十年前某个清晨六点就已经开始了。有时间生长为自己的橡树，便无须踩着别人的影子。
- 除非遗世独立，不食烟火，否则不要把一张“我不合群还有点酷”的嘴脸搬上台面，没人稀罕只愿意做自己的你。你是要有自己的原则，但更要懂些人情世故。

!!!

力!!!

除了努力还有什么力

没前任的恋爱力

聪明女孩该有的恋爱观：
一是不因寂寞而随便开始一段感情，
二是保持自我和经济的独立。

爱你，是会为你拒绝一切暧昧

在这个速食爱情的年代，或许变心是本能，但忠诚是选择。爱你，会为你拒绝一切暧昧。

朋友罗伊，空窗5年，上周喜提男朋友，便叫上我们一圈好友周末去她家小聚。

我们到的时候，她男朋友正在厨房专心致志地忙着做晚饭，刚跟我们打完招呼，他手机突然响了。他一边翻炒着刚下锅的菜，一边叫罗伊："小伊帮我接下电话，就说你是我女朋友，我这会儿忙，等下给他回过去。"

她男朋友说这话的时候，语气自然，没有半点犹豫。

男生们常常觉得，女生的安全感来自房产证，但其实那种被偏爱、被坚定选择、愿意为她拒绝一切的安心感，才是最重要的。

罗伊的上段恋情里，她的前任就没有给她这

样的安心。

刚开始的时候，两人是很甜蜜的，恋爱必备的浪漫，比如鲜花、气球、烛光晚餐样样不落。但渐渐地，罗伊发现他总是去阳台打电话，一打就是半个钟头，问他就说是谈工作。到了周末，偶尔还关机玩消失，前男友的解释是手机在兜里，可能不小心按了关机键。偶尔还会有女生发来语音聊天，前男友每次都不接直接挂断，说是一起打游戏的，邀他组队。

女生其实很敏感的。她们既能轻易被感动，也能轻易地察觉到反常。

在第六感疯狂亮起红灯后，罗伊的好奇心终于绷不住了。她趁前男友洗澡的时候偷看了他的手机。发现他微信聊天界面置顶了三个女孩，备注分别是：小可爱、小宝贝、小仙女，没有一个是她。

更过分的是，当罗伊拿着手机质问他时，他却先生起气来，一把夺过手机责怪她有偷窥癖，不尊重他。没有一句解释，更没有一句道歉。

前后的对比让我时不时恍神儿。晚餐后，罗伊的男朋友下楼去给我们买水果。大家都在说罗伊好眼力，对这个男生也是赞不绝口。

罗伊说，她以前觉得男生是不懂女生的，如果自己要求得多了，担心会被当成无理取闹。但遇到现在这个男朋友后才知道，其实男生真的什么都知道，知道怎么才能让你安心和开心，关键就在于他肯不肯为你花心思。

他们俩在确定关系的第一天，男生就将两人的合照发在了朋友圈，还认真地写了一句：我的女朋友，罗伊。朋友聚会也会带着罗伊一起，把她介绍给大家认识。

女孩子在爱情这件事上都是很贪心的，想要百分百的爱情，问心无愧的爱情，穿过大雨倾盆，义无反顾也要向自己奔来的爱情。

至于博爱，她们无法认定是善良周到，还是四处撒网，在复杂的心意中辨别一份独属于自己的爱实在太费神了。

爱应该是让人独一无二的，你给我与众不同的关注度和宠溺感，我拥有你身边的人所没有的纵容和特权。爱是任性的，即使我再张牙舞爪，蛮不讲理，也希望我在你眼里依然是最好的宝贝。

在爱情面前，我们需要的不只是“我爱你”，还有“我只爱你”，这份偏爱才会让人有被宠溺的感觉。

只有在足够爱一个人时，才愿意为一个人定心。也只有足够的爱，才愿意为了一个人拒绝一切暧昧。

在这个速食爱情的年代，或许变心是本能，但忠诚是选择。爱你，会为你拒绝一切暧昧。

经常跟你聊天的人是不是喜欢你？

一个人如果真的喜欢你，你一定会感受到，不会让你觉得好像有，又好像没有。

和达达一起吃烤肉，可她全程心不在焉，任凭猪肉卷在烤盘上吱吱地发着诱人的声音，全然不理会，还时不时地掏出手机来看。

我向她表示抗议，假装生气，“约了几周，好不容易见到面，见面就冷落我？”

她叹了口气说：“我也正被人冷落着呢。”

我一边用翠绿的生菜叶包住肉片塞进嘴里，一边听她说起原委。

达达工作这几年存了些钱，想要买一户小公寓，结束租房时光。在朋友聚会上，她认识了房产销售经理张先生，互相交换名片后，买房的事情达达没少咨询张先生，两人私下联络也渐渐频繁了起来，据达达说十分投缘。

他会在半夜给达达发微信，说“我闭上眼睛就想起你的笑脸”；达达出差，他会打电话关心她要注意安全，叮嘱女孩子住酒店要检查门锁；达达忙工作晚回了一会儿他的信息，他会假装生气，说：“我还以为你不想理我了”；达达不会做饭，经常叫外卖，他说：“以后我为你下厨，保护你的胃。”当然了，像“早安晚安”“早点休息”的请安式话术也是少不了的。

女孩子是非常容易对人产生依赖性的。日子一天天地过去，张先生在达达心里的分量越来越重，重到什么程度呢？就是达达几个小时内收不到他的消息，就会寝食难安。达达也曾明里暗里试探过张先生，问他喜不喜欢自己，答案永远都是模棱两可。有时候达达的消息发得稍频繁些，张先生便玩起消失，连续几天没有消息，更别提约达达出来约会了。

两个人还没有确定关系的时候，女孩子总是成天猜来猜去。达达问我：“为什么之前聊得好好的，说冷下来就冷下来了呢？”

“没有那么多为什么，不过是没那么喜欢你罢了。而且你确定是聊，不是撩吗？”

达达显然有些丧气，低着头说：“他确实从来没有说过‘我喜欢你’‘做我女朋友吧’这种话。”

每个女孩子应该都遇到过这种情况吧：

跟一个男生聊得不错，以为会有进一步的发展，可他却迟迟不表白，还时不时地消失个几天，过段时间再找你，好像什么事都没发生过一样。

或者跟一个男生已经处于“友达以上，恋人未满”的状态，可他却沉浸在这种暧昧里，不想给你一个明确的说法。

但其实不管是哪种情况，都是因为不喜欢你，并不是你做错了什么，而是对方打从一开始就没想认真。喜欢你，必定是触发了“想要跟你在一起”的冲动，而撩你，只是触发了生理荷尔蒙的冲动。

撩和追比起来，总是多了一丝玩世不恭的味道。因为没有走心，所以撩着撩着就消失也是常有的事。又因为三心二意，所以你对他投入再多的感情，他也不会报之以李。那些看起来美好的，让你以为自己被爱神看中的瞬间，不过是他想给你浅尝辄止的甜头，还没等你品味完，他就要收回，他觉得这糖给谁都可以，并不是非你不可。

许多时候，一个人不想联系另一个人并没有那么多原因。你执着的是不愿与他就此别过，你认为你们之间还会有故事发生，可是，他也这样想吗？

不管他出于什么样的原因与你断了联系，事先没交代清楚就是不够尊重你。如果一个男人无视你的信息，让你患得患失、捉摸不定，那么这个男人一定没你想象中那么在乎你。

有些人，真的就只是聊着玩儿，玩儿就是玩儿，没有其他的意义。

怕就怕在，遇到这种人的你天真过了头，在一份不够明朗的感情面前，像海鸥捕食般一头扎进水里，掏心掏肺，不顾一切。终日盼望他早早把暧昧进化成正当的男女关系，但恕我直言，可能真的没有那一天。如果一个人对你不温不火，或者忽冷忽热，原因无非是你从一开始，就没在他的转正名单里。

爱情这件事，其实有时候并不复杂，更多的是沉浸于此的人宁可蒙蔽双眼也不愿看清事实。喜欢一个人的炽热是藏不住的，它直接、强烈、耀眼。

一个人如果真的喜欢你，你一定会感受到，不会让你觉得好像有，又好像没有。

有读者留言问我：经常跟你聊天的人是不是喜欢你？

说实话，这题有点难回答。

喜欢你的人一定会经常跟你聊天，但反过来讲却不太成立。他找你聊天的原因可以有很多种：可能觉得你随和、有趣、能接得住他的梗，聊得来。他看见一个搞笑的段子，把它随手分享给你，并不费力，所以也可能在分享给你的同时分享给了另外五个人，十个人，甚至更多。

有些男孩子很无聊，非要若有若无地撩一撩女孩子，不打算发展，甚至也不是很喜欢，只是有那么点儿好感，反正闲着也是闲着。

可女孩子的心思本就细腻，怎么会放过这些暧昧不明的信号，便会一直在心里嘀咕着他是不是喜欢我？他总是点赞我朋友圈是不是喜欢我？他在我生理期的时候给我买了红枣奶茶是不是喜欢我？他每天对我说晚安是不是喜欢我？

如果就是这样一件件小事情让你为此心神不宁、思前想后，就真的太傻了。

在你确确实实感受到他的爱意之前，不要轻易把表象当作喜欢。真正喜欢你的人会想办法留在你身边，其余的不用过分在意，都是过客。

喜欢和撩的区别在哪里？

喜欢和撩的区别在哪里？

喜欢会带你面对现实生活，撩是只停留在思绪想象。

男孩子如果真的想和你在一起，一定不会只停留在聊天上的。他会很想将你们的关系稳固下来，所以会想方设法地跟你约会，从而进一步地了解你。换句话说，如果一个男生只跟你在网络上甜言蜜语、暧昧不清，并不能代表他是真的想追你。但凡是喜欢，是需要付诸行动的，而撩是不需要成本的，动动嘴皮子就行了。

喜欢会手足无措，撩是侃侃而谈。

喜欢你的人在你面前会紧张，会不知如何是好，不会口若悬河。他会用心听你的开心或烦恼，心里想着能为你做点什么，通过行动跟细节让你感动。撩你的人有一万句小情话在等着你，会在喝多了跟你说很想你很喜欢你，却在酒醒后跟没事人一样。讨不到你的欢心，就去讨别人欢心，不会花太多心思和时间只押你这一注。

喜欢是不离弃，撩是随时放弃。

爱慕你的美貌为此匆忙赶来的人有很多，但当你在泥泞里艰难前行，仍能不顾你满脸狼狈，温柔且坦然地朝你伸出手的人，才是最珍贵的。撩你的人只想看他喜欢的一面，但凡你的行为举止有一丁点不合他意，便会立马离开。

喜欢是认真且㞞，撩是忽冷忽热。

当对方不顾你的感受，忽冷忽热，有意无意地疏远你时，你就要好好想一想了，你或许只是他一时寂寞的玩伴。碰到这样的人还是要尽早远离，不然总有一天会伤着自己。喜欢你的人跟你聊天的时候怕自己说太多让你讨厌，说得太多怕你误解，所以聊天界面上一直显示“对方正在输入”，因为对你说的话，他总是要反复斟酌，所以一堆字打了又删，删了又打，不知道怎么说才好。他会认真且走心地对待你，只要能让你开心的事他都愿意去做。

喜欢是催你不要熬夜快点去睡，撩是不管多晚都会和你聊天。

喜欢你的人在深夜一般不会发信息给你，他怕打扰你休息，不想你在梦里惊醒。撩你的人才不管白天还是黑夜，对你的作息、健康没有那么关心，只要他还醒着，那就再聊十块钱的。

喜欢是只喜欢你，撩是喜欢你并不妨碍他喜欢别人。

你的笑、你的泪、你的脾气、你的幼稚，在喜欢你的那个人的眼里都是加了光环的，你对他是唯一的。可在撩你的人眼里，你的笑是很美但同款可以有很多，平时你是他的小仙女，你若真的入坑追他而来，就立刻变成了他的大麻烦。

别在他撩你的时候，就去脑补构想和他的未来。认识一个人，了解一个人，靠近一个人，都是需要花时间的。有些人在一起过了一辈子，都不敢拍着胸脯说对方是什么样的人，你怎么能被几句不负责任的甜言蜜语撩得飘飘然后，就觉得对方是自己的命中注定呢？

对你高冷的男人，会比你想象中的还不喜欢你。现在的人都越来越没耐心了，欲擒故纵的那一套，早就不流行了。

你要记住，你很珍贵。任何轻视了你感情的人，都不配拥有你。

遇到撩完就跑的男生怎么办呢？不如在心里狠狠地扇他一巴掌，然后笑着跟他说："没能和你在一起，真是谢天谢地。"

我在年纪轻一点的时候，也会拿着放大镜去掂量对方的每一句话、每一个动作。

“他说周末陪我去图书馆什么意思？”“约我吃饭什么意思？”“来接我下晚自习是什么意思？”一切有的没的，微不足道的细节，都在我心里折腾了几番。

但现在的我，已经不会再去猜一个男生对我是什么意思了。爱是明显且直接的，他表现出的爱你，那就是爱你；表现得不在乎你，就是真的不在乎你；他很久没有联系你，不是因为他在忙，或是出了什么事，只是真的不想联系你而已。

难过也好，不甘心也罢，但千万记得，不要与他百般纠缠。很多时候，执念是自己强加给自己的。你为了他肝肠寸断、泪眼婆娑，他却压根没把这件事放心上。你在他看不到的地方伤心难过，把宝贵的时间、精力都耗在这上面，自己的生活也搞得一团糟，最后只能是筋疲力尽、一无所获。

你受益了吗？没有。你吃亏了吗？吃了。觉得值得吗？不值。不要给感情加上什么美化的滤镜，他真心爱你，那是他的情意。他撩完就走，也定是早有预见的。

任何感情，如果只是为了追求最开始的刺激、新鲜感和自我优越感，那无论换多少人，都是在把同一件事情重复很多遍而已。时间一长，浪费的是自己的情感成本。当你真正遇见喜欢的人，你会发现，暧昧时心动，恋爱时心动，平静时也心动。

暧昧能否修成正果，看缘分看造化，更看你们两个人的心意。**有人说真爱像鬼，只听过，没见过。但我仍希望你永远不要怀疑爱情，因为有问题的是人，不是爱情。**希望你能少受点爱情的苦，屏蔽那些撩你的人。别让一腔诗意喂了狗。也永远相信自己值得被爱，把自己活好，去变得更美、更有魅力，这才是最重要的。

之前读过这样一段话："生而为人，不分男女，其实都走在一条拿着青春换阅历，拿着失去换成长的路上，认识一个人，靠近一个人，判断这个人是否能跟你携手共进，都需要时间。"

你要清醒，那种追一个人追了很久很久的年代，已经离我们越来越远了，现在的时代是把追人的时间用来成就更好的自己的时代。

当你的爱好、能力、气质、见地、信心都在日渐丰满，能一路废话、八卦、吐槽的好朋友也一直都在身边。在别人看来，你的生活里好像就差一个温柔待你的人。

可是，如此美好的你，真的需要担心那个人来不来，什么时候来吗？

现代人不缺爱情，或者说不缺貌似爱情的东西，但是寂寞的感觉依然挥之不去，我们可以找个人来谈情说爱，但是却始终无法缓解一股股涌上心头的落寞荒芜。爱情不是便当，它依然需要我们郑重其事地对待。

真正的爱，就是两份孤独相护、相抚，欣喜相逢，就是和你在一起以后，我再也没有羡慕过任何人。

没有办法在一起的人，其实就是错的人

我们每个人的一生都会遇见几个没有办法在一起的人，很多时候我们觉得那是无法抵御的强烈爱情，最后经历悲痛分别。当你再回头看看那些岁月，会开始懂得，原来没有办法在一起的人，其实就是错的人。

从《那些年，我们一起追的女孩》到《致我们终将逝去的青春》再到《后来的我们》，好像都在告诉我们一件关于青春的遗憾，那就是：没能走到最后的爱情是大多数。

想讲一个关于爱而不得的故事。

去年圣诞节，星子和鹿鹿张罗聚会。本以为是年末小聚，谁知二人在席间突然一本正经地说："我们分手了，不过以后大家还是朋友。"弄得我们一众好友一脸错愕，鹿鹿还笑嘻嘻地说："都是成年人了嘛，分手也不是什么大事，我和星子商量了一下还是决定告诉大家。"鹿鹿的笑掺着些许逞强，星子沉默不语。

What？是效仿明星体面且平和的分手公告

吗？或许是不想让朋友担心，或许是不想被外人猜测，这样的分手总好过互虐式的分手。一别两宽，各自安好。爱的时候，要轰轰烈烈；分手的时候，也要心平气和。

越是相爱过的人，越懂得怎样毁掉对方。所以，选择和平分手的方式的人，定是用心爱过对方。

三年情断，感情走到终点。仔细想想，却不意外。在这场爱情里，鹿鹿一直是付出更多的一方，星子的心时而在时而不在。

那天临近散场，鹿鹿说有事提前走了，我看着她瘦瘦小小的背影，想起那句话："多少浅浅淡淡的转身，是旁人看不懂的情深。"我猜想，分手是星子提的，舍不得的人是鹿鹿，可她愿意成全他。

无论到了多大年纪，我们总是学不会告别，所以在分开的时候，有人选择和爱的时候一样悄无声息。就像雪人过完新年，会一个人静悄悄地拥抱大地。

两个月后，星子有了新女友。

鹿鹿发了一条微博："你喜欢的一切我都学着去喜欢，你喜欢的女生，也在我眼里长出酸酸的可爱。"

后来鹿鹿说，分开以后，她还存着两人热恋时的照片，一天翻几十遍男生的朋友圈和微博，绕路去那家他们以前经常去的店。

我们说她这是自虐，她笑笑说："就当是修行吧。"

鹿鹿明白的，无论翻多少遍，她都不会告诉他，因为既然决定成为过去，何必再强求重来，她能陪他走的路，就到这儿了。

就像听一首曲子，调子喜欢就围在一起欢笑，曲终人散，就好好道别，从此不再打扰。有人说分手这件事就像被人剥掉一层皮，也会让一个人脱胎换骨，让人在不知不觉之间蜕变成一个全新的自己。鹿鹿说，她要开始享受一个人的世界，享受每一个和自己和平相处的间隙，这样的改变，虽然让人心疼，但也是成长的必然。

两个人在一起时，互不亏欠；分开后，互不打扰。既然不能走到最后，好聚好散是留给彼此最好的温柔。

任何东西在最美好的时候结束才能永恒，已经结束的不要纠缠。他若说再见，你只负责点头转身就好。

想起曾在一本小说里看到过这样一段话：

“故事的最后，我们没有在一起，但还是希望你不要忘记我们在一起的岁月，就算那时候我喜欢胡闹、发脾气，还小肚鸡肠，为了一些小事和你吵闹得不可开交，但愿你还是记得我对你的好，记得在我最稚嫩纯情的岁月里，任性地爱了你好久好久。”

说这些关于爱情的故事给你听，只想告诉你一件事：

我们每个人的一生都会遇见几个没有办法在一起的人，很多时候我们觉得那是无法抵御的强烈爱情，最后经历悲痛分别。当你再回头看看那些岁月，会开始懂得，原来没有办法在一起的人，其实就是错的人。

那个消失在人海的男孩，教会你爱是会流动的风；那些约好一起变老的女孩，教会你爱是原地深情的磐石；那些你爱听的歌，翻唱起来却总要跑调；那些零度风景饮的冰，回想起来变成雪扑进眼睛。爱开玩笑的迷藏，睁眼看就走散了故人。以为痛起来会死掉的伤，时光终会为你一一抚平。

没有句点已经很完美了，何必误会故事没说完。毕竟，爱情和人生，都要试错。

前任不可怕，可怕的是失控的自己

Betty和大学男友恋爱三年。女生貌美，男生学霸，妥妥的毕业就结婚的节奏。偏偏大四那年，男生和一同实习的女孩搞暧昧。

骄傲的Betty，列了男生和那女孩的十几条罪状，做成了海报，打算复印几百张，在全校张贴。Betty在男生宿舍楼下等了几个小时，同宿舍的人下来说他不在宿舍，但Betty不信，她知道他就在楼上，他是不愿意下来面对她。

当晚，Betty在校门口的烧烤摊喝得烂醉，她拉着我说：“你们以为我气他劈腿，其实我是气自己傻。刚刚在一起的时候，他还是个穿红 T 恤配墨绿色裤子的愣头小子，是我告诉他穿白 T 恤更精神，裤腿挽起露出脚踝更好看。这几年他不管是竞选学生干部，还是参加比赛，演讲稿都是我熬夜给他写的。”

Betty 哽咽得没有再说下去。我知道，她委屈，明明自己用心经营的感情，怎么轻易就被别的小妖精击垮了，自己一手“栽培”起来的男友，就这么给别人乘了凉。是的，不甘心，换作哪个女孩都会被气得跳脚。

不过最后，Betty 也没有真的张贴海报，而是选择了江湖路远，一别两宽。

七年后的今天，我们再提起当年的事，Betty 笑得直不起腰。“那时候真的是年纪轻，觉得辜负了我的人，也要让他不好过才行，至少要扇他两个巴掌，踢他两脚才算出了气。不过想想，有什么用呢？”

常有女孩私信我，痛斥男友，大吐委屈，最后都免不了问我一句：“我该怎么办才好呢？”

怎么办？当然是抓紧一切可以塑造自己的机会，过得比他好啊。

就像 Betty，迅速换了一个城市，更加认真地工作，不断地给自己充电，把那段绝望的日子熬了过去并且过得风生水起。Betty 现在是国内知名电器品牌的大区经理，有房有车有存款，平日是穿着高跟鞋坐在写字楼里的白领，假期的时候是坐在异国街头晒太阳的女文青。至于当年劈腿的男友，我们没有去打听他过得好不好，倒是这两年常常看他点赞 Betty 的朋友圈，或是评论“越来越漂亮了”“恭喜又升职了”之类。

那时候的我们啊，恋爱时，对方在我们眼里是天下独一无二仅属于我的“私人财产”，分手时，看着往日的身边人成为了别人的人，恨不得除之而后快。我们甚至会撂下狠话“往后每一天我都祝你过得不开心”“你伤了别人的心迟早要还的”，平生所能想到的所有恶毒的话都想送给他，好像只有他过得不好，才能抚平自己的心伤。

可是，当那些让人脊背发凉的诅咒说完之后呢，他还是一样过着他的生活，半点未受影响。那个试图离开你的人，你不如就推他一把吧。

对后来的我们来说，或许正是曾经错过了谁，才找到了后来自己更想要的人生。最可怕的不是前任，而是弄丢了自己。

路还长，别停留在原地

一个读者是在凌晨两点给我留言，早上睁眼看见 32 条未读信息。

可能就是应了那句话吧，黑暗的夜里，人们是脆弱的，所有的情感都在深夜里肆无忌惮地爆发，心里有很多话想找一个人倾诉。

女孩说起年少欣喜的爱恋，说起他的侧脸，说起被分手时的不知所措，说起自己对他的念念不忘。

她说，她现在感受到了那段一直不懂的话：“我没有很刻意地去想念你，因为我知道，遇到了就应该感恩，路过了就需要释怀。我只是会在很多很多的小瞬间，想起你。比如一部电影、一首歌、一句歌词、一条马路和无数个闭上眼睛的瞬间。”

也许太年轻，那些在荒芜岁月里微小的悲难，都仿佛是一场突如其来的大变故，却也放在不轻易述说的沉默里。即使我们心里想着放下那个人重新开始，也会在始料未及的瞬间轻易想起他。或许也曾幻想，幻想还会遇见，或许在城市的一个角落、一间咖啡厅、一家酒吧。

原来当一个人转身消失到人海后，便再也找不到了。在熙熙攘攘的人海之中，就算是相似的眉眼、相似的外形，也再找不到相同的笑脸，也再找不到熟悉的感觉。

圆满的结局或许不少，可是爱而不得的情节更多。

有朋友说她不明白，为什么两个人分开的时候，会说祝福对方在别人那里找到幸福呢？难道在心里，不是希望人山人海中只有我能将你小心收藏吗？太在意的东西，别人碰一下都觉得在抢，更何况是我们真心爱过的一个人呢？你的故事里换了主角，我在你的世界里没了入门的资格，我免不了要在心里许一个坏愿望，巴不得你过得不快乐，然后余生天天念起我好，心里全是悔恨。

其实，凡身肉胎，哪有什么大爱大智慧。越是深沉爱过的人，越难心平气和地讲出那句祝福，这没什么错，别在意，这就是爱情啊，哪有什么固定答案，一切都交给时间就好，你可以对过往耿耿于怀，只要别忘了仍要阔步向前就好，他和你的故事已经就此结束，你还有你未见的人和未做的事。

爱情的迷人之处在于它是一道没有正解的题，它能够接受所有或长或短或悲壮或温情的解答。我很喜欢一位博主写过的一句话，“从不怀疑任何真心，真心本就瞬息万变”。

其实，我每次看到一段恋情告终，我的内心都会感慨一番，也会害怕这世间再没有白头偕老的感情，但转念又一想，爱过就好，余生还很长啊，何必在一段爱情里慌慌张张呢？

谁能保证哪一次的相爱必能阻挡分开的脚步呢？不要杞人忧天，因为未来不可知而自行乱了阵脚，在还相爱的时候尽情拥抱就够了。

即使最后的结果未能尽如人意，埋怨命运的捉弄将相爱写成了相爱过，可那段热恋的幸福时光依旧变成了柔情，镶嵌在日后那一个个身边没有对方的深夜里。爱情的初始，我们总是愉快地笑着，仿佛这辈子再也不会哭，仿佛这辈子除了眼前人，彼此再也不会牵起另一个人的手。

我们大部分人的告别，虽没有那么多波折和风浪，也没到所谓的痛彻心扉，失去知觉，只是心里好像被挖了个洞。那种感觉，大概就像你把一件毛衣前后穿颠倒了，你总会隐隐觉得不自在，觉得脖子不舒服，可是哪里不舒服，又真的说不出。这种难受虽不是难以忍受，但你就是没办法忽略它。

就像一起走到了某个路口，你要去福地洞天，他却想找海市蜃楼。绿灯一亮，大家只好分头走，连再见都来不及说出口。

那些相依相偎缠绵悱恻的昨天，那些过往中的温暖与薄凉，那些惊艳了一段岁月的感动，那些发生在短暂时光中的小浪漫，那些因为爱情卑微着低到不能再低的身影……如今，都随窗外的片片落叶，零落成泥碾作尘，再也无法找寻它们来过的痕迹。很多事没有来日方长，有的人只会乍然离场。

动心的时候万物复苏，什么都奔向欢喜。分开的时候销声匿迹，什么都归于叹息。有的人是你唱到喉咙沙哑，也未完成的情歌。有的人是你穷极一生，也没做完的一场美梦。

这个世界上有很多事情是我们无能为力的。

比如生老病死和枯萎的花，比如戴了好几年的手链突然不见了，比如小王子不能跟狐狸在一起。比如曾经以为能够天长地久的人有一天抛下你离你远去；再比如，他不爱你。

我们常常误会爱情，以为爱情是付出，是不顾一切，是荷尔蒙的巅峰状态，其实爱情是一段双人舞，对一个已经不想栖息在你身边的人来说，故意漂亮地出现在他身边是没用的，你送他的糖是不甜的，你在状态里更新的小心思他是看不懂的，你哭得死去活来他只会不痛不痒，他是你生活里的色彩，而你只是他生活里的路人甲。

谈恋爱是两个人的事，分手却只需要一个人的离开，死缠滥打永远都是下下之策。

你爱的人离开你，没有什么，正如你不爱的人，你也要离开一样。相爱时争取，不爱时放手。不要因为一次不合适的爱而去纠结，有的人让你看见更大的世界，有的人只适合碰杯玩闹，无聊消遣，有的人让你知道谁能在雨天陪你共撑一把伞，有的人来就是和你说再见的。

这世界从不缺好的故事。静香最后没有嫁给大雄，晴子是樱木花道未完成的初恋。有人曾牵手，但不会到最后。就像刚好在赶不同的列车，可能就与缘分失之交臂，抑或原本以为能长久同行的人，结果提前下了车。看似遗憾，但人生漫长，总要允许有人错过你，才能赶上最好的相遇。

无论在此之前你经历了怎样的爱而不得，从告别的那一刻开始，我希望你能开始学会放下，别停留在原地。所有的一切，时光它都会记得，只是已不再带有爱意。

爱一个人，怎么会没有理由呢？

> 你可以回想一下，但凡是你爱上的人，哪一个不是被他身上的闪光点吸引到的呢？无缘无故的爱是不存在的，所以男人在选择另一半的时候也是一样的。

最近，重刷了一遍美剧《了不起的麦瑟尔夫人》。

米琪是一个精致乐观，且从来不让自己的人生出现任何失误的家庭主妇。可她人生中的第一个也是最致命的失误，就是婚姻。眼看着自己规划好的“完美婚姻”就这样轰然倒塌，看似柔弱需要被保护的米琪却没有被击垮。被丈夫抛弃后的米琪，在机缘巧合下，走上脱口秀表演之路，她逐渐获得精神独立，重新找回自我。

这部剧引出一个古老却又现实的命题：如果一个女人完全依靠另一半而生活，这段感情究竟能够走多远？

在看到最后一集的时候，我想起了大学时

期的闺密丁丁。

丁丁的男朋友是高我们一届的学长，丁丁毕业的时候，男朋友在深圳已经打拼得稍有起色。毕业典礼那天，男朋友特意返回学校求婚："丁丁，嫁给我吧，我赚钱养你，我会让你一直幸福的。"这一个单膝跪地的举动，让忙着四处投简历找工作的我们羡慕不已。

再次和丁丁有联络，是一年后。与其说联络，不如说是听她诉苦。

我记得那天已经将近凌晨，丁丁突然打来电话。

"他的西服上有我不熟悉的香水味，我问了几句，他就不耐烦，说他赚钱辛苦，而我只会无理取闹。"丁丁声音沙哑，显然是哭过。

"是误会吧，你们两个感情一向很好的。"我强撑着困意说。

"当初他说不用我上班，他可以养我，这才一年不到就开始各种嫌弃我了，说我们之间没有共同话题，面对面除了吵架就是沉默。"

"那这一年多你都忙什么了？"

"开始的时候经常去旅游、逛街，后来没意思就看电视、看小说。"

"那你男朋友工作忙吗？"

"挺忙的，经常出差学习，年底的时候升职加薪了。爸妈催我们把结婚证领了，可他总是推托。"

丁丁到了深圳后，整整一年找不到心仪的工作，整日待在家里无所事事，除了做简单的清扫以外就是偶尔看看招聘启事，不是觉得这个工作不适合自己，就是那个职位薪水不高，就这么一直拖拖拉拉在家待业。

没过多久,丁丁发现了男友和别的女孩的暧昧短信后,留下一句“分手吧”，便搬出了男友的家。因为这几年在深圳没有工作经验，更没什么人脉圈子，丁丁便回了上海。

我同情丁丁，也能理解她男友现在的态度为什么与从前截然不同。

男人爱意正浓时候的一句“我养你”，你就卸下了自己对这份感情的责任，过上了在家看肥皂剧、吃薯片的日子，完全没有意识到自己已经懒散得不成样子和两人之间越来越大的差距。

感情的脆弱有时不在于是否有外人介入，它就像是一株需要定期滋养的花朵，要两个人共同呵护，才能盛开绽放。

你在他忙得不分昼夜的时候，动不动闹小脾气想试探他爱不爱你的时候，就别怪他大发雷霆苛责你无理取闹；宁可把时间都花在看剧逛街上，也不愿学习技能充实自己，就别怪两人没有共同话题；你不求上进、不思进取，就别怪越来越优秀的他大步地走向别人。

你终日信奉着他说的“我养你”，扬扬得意地以为自己找到了天底下最好的男人。可你不经营自己，如何有足够的自信与出色的他并肩而立，他又怎么把你规划在往后的人生里?

别急着指责他骗了你，男人在发誓说他爱你，想照顾你一辈子的时候是真的。可到最后，男人说跟你没有共同语言，跟你在一起觉得生活索然无味的时候，这话也是真的。

你可以回想一下，但凡是你爱上的人，哪一个不是被他身上的闪光点吸引到的呢？无缘无故的爱是不存在的，所以男人在选择另一半的时候也是一样的。

有多少女孩子，曾信誓旦旦地跟父母说："你们养我长大，我陪你们变老。"可后来呢？衣服鞋子、化妆品要花钱，朋友聚会要花钱，水电煤气费也该交了，工资余额接近于零。自己的生活都还没料理好，哪来的多余的钱赡养父母呢？又有多少女孩子，曾情怀泛滥要去远方看看，遇见另一个自己。可后来呢？宅在家追剧，购物节熬夜抢单，工作上成绩平平，爱情上挑三拣四。

你懒得去自力更生，懒得去自尊自爱，于是干脆在沙发上一歪，全凭运气靠到谁算谁。这时候的你，凭什么要求对方无条件不变心呢？生活多残酷，你怎么可能永远躲在另一个人的羽翼下，只索要宠爱呢？

退一万步讲，就算你有灰姑娘的美貌，去参加王子的晚宴，总要有钱先给自己买一双水晶鞋吧，毕竟灰姑娘的水晶鞋可不是王子给准备的。

婚姻的确是一生一次的托付，但你托付给那个人的，应该是爱意，而不是人生。把自己的命运紧紧地抓在自己手里，才能活得有尊严有底气，内心也才能真正自由、坦然。

两个人若能长期相处下去，其中必定藏有某种很微妙的“平衡”。你把你的未来，统统都交给另一个人。你说这是爱，还是懒?

有些东西已经丢了，就别再让自己不快乐了

关于失恋，有人心平气和告别，有人闹得天翻地覆，还有人在离开与复合间纠缠。在深爱过一个人后你会知道，分手、失恋，是人生必经的一刻，更是和过去自己的告别仪式。只是这场仪式会很痛。有人会放声大哭很久，也有人会昏天黑地睡几天几夜，还有人絮叨不止。可现在回头看，更多的或许是感谢。感谢你曾经来过，让我成为更完整的我。

我一生中最幸运的两件事：一件是很久很久以前有一天，我遇见你；另一件是时间终于将我对你的爱消耗殆尽 。

也许我爱的已不是你

是对你付出的热情

就像一座神庙

即使荒芜

仍然是祭坛

一座雕像

即使坍塌

仍然是神

可能认真分手的恋人们，都会明白莱蒙托夫的这首诗。

前段时间，泡泡在朋友圈发了这样一段话：“你说要敬往事一杯酒，再爱也不回头。实际就算你醉倒在黄昏独自愁，如果那人伸出手，你还是会跟他走。”

我发消息给她：“你这话意思这么明显，他会看到的。”

“我不管，就是想让他看到。”

“何必呢，他已经有女朋友了。”

“没办法，我就是没办法忘记他，怎么也做不到。”

让泡泡无法放下的，正是她的前男友。我和泡泡从高中到现在一直是闺中密友，小到选择鞋子的款式，大到择业方向的选择，我们都会在一起讨论，听对方意见。

唯独她前男友这件事，不止我磨破了嘴，谁的话泡泡都听不进去。泡泡总是觉得两人还有复合的机会，所以即便是前任有了新女友，她也丝毫不担心。

分手半年，她还留着前任的微信没删，无聊的时候就习惯性点进去，看看他有没有换新的头像和封面图。泡泡说："你看，他朋友圈的封面图还是我当初帮他选的，是我们第一次约会时拍的，他一直都没有换掉。"

"或许只是懒得换呢？"

"不可能，而且半个月前，他点赞了我的朋友圈。就是我换了新发型，发动态的那条。"

看得出，泡泡心里在暗自窃喜，并沉浸在两人很快就会复合的美好想象中。不过现实打起脸总是特别响，年底的时候，泡泡的前任在朋友圈发了结婚证。

关于分手这件事，可能很多女孩都有过这样的心路历程：他明明还爱我，只是想给彼此一点时间冷静，或者是，他也和现在的我一样纠结，纠结是等我去找他，还是他先回来找我。

就这样，宁愿自我催眠，也不愿意相信，那个曾经视你如命的人已经不会再回头了。

很多时候蒙蔽我们双眼的不仅是假象，还有自己的执念。而每个故事的开始都是美好的，美好到直到结束时你都不愿意相信自己曾拥有过。

男人面对感情还是很耿直的，但是，当他决定要离开你的那一刻，不管是留着你的联系方式也好，还是说以后有什么需要帮忙的事来找他也好，分手就意味着，他不打算再继续爱你了。

女生总会因对方一个微小的举动就胡思乱想，殊不知男生根本没女生想象中的那么复杂。他给你点赞，未必就是想你；给你发条节日祝福，也不能说明他还爱着你。

前任结婚后，泡泡拼命减肥，硬是从130斤瘦到了90斤。小蛮腰、天鹅颈、迷人的锁骨一样不少。

听到这里，你是不是想问，她这么励志是打算把前任抢回来了吗？

我们也拿这个问题跟泡泡打趣过：“你个小妖精，美得像是变了个人一样，赶紧坦白，是不是想回头找他，看着他惊讶到下巴落地，哭天抢地地喊着自己当时怎么就眼瞎没选择你？”

泡泡轻蔑地冲我们摇摇头说：“老娘这么美，找那个渣男做什么？”

很多时候，两个人选择分开，对对方失去兴趣固然是一部分原因，但还有一部分原因，是因为你不喜欢那个和对方在一起时候的自己。

全身心地爱一个人，可能遭遇背叛，我们会沉浸在被伤害中而不能自拔。有时候，极尽忠诚对待别人，可能会有不同的回应，有的是不对称，有的是冷漠，有的甚至是误解。其实，伤害我们的不是现实的苦楚，而是记忆让我们有不同程度的不甘心。

我们总喜欢给自己找很多理由去解释自己的懦弱，总是自欺欺人地去相信那些美丽的谎言，总是去掩饰自己内心的恐惧，总是去逃避自己犯下的错。

过了期的感情就像是开罐太久的可乐，味道可能尚在，可那股一下子就让人鼻腔一爽的碳酸冲劲却再也没有了。其实，我们都懂，时过境迁，有些错过真的不可惜，有些人真的不必太想念。有些离开，我们是会“舍不得”，但缘分尽了的时候，“舍不得”绝对不是不离开的理由。

过去的人就像发霉了的面包、发酵了的牛奶、隔夜的茶，就算当初有再多美好，变了本质，也恢复不了当初的面貌。

回忆有滤镜加持，会自动美化过往的感情。前尘往事，温柔落地。从此桥归桥，路归路。唯有如此，才能走得干脆利落，才能遇见更多美好的可能。

报复前任最有效的方式

前阵子在网上看到一个特别火的帖子：“为了报复前任，你都做过哪些事？”

翻了翻留言，还真是哭笑不得。

比如隔三岔五大清早地偷偷跑去前任所在的小区，在楼道里看到谁家门口放着垃圾，就提过来全部倒在前任家门；还有换着号码给前任发信息的，诅咒他早日升天，发完信息就拉黑；再有给前任公司打电话，举报前任之前在工作上吃回扣，害他差点被开除……

总之就是一句话：“看到他过得不好，我就放心了。”

我朋友大萍，就是现实版《匆匆那年》里的方茴。

大萍和初恋男友在一起七年，眼看着到“八年抗战”结束，男友却和公司老总的女儿谈起了恋爱，是的，大萍被劈腿了。男友毕业实习就在这家公司，转正的时候，男友跟大萍说，等他晋升到部门经理后，他们就结婚。结果，跟回国的白富美认识没到三个月就宣布订婚，也对，这一结，何止是经理的职位。

大萍把自己关在家一个星期，随后马上答应了身边一个男生的追求，条件是要尽快结婚。我们当时知道了都劝她，才认识这么短时间，彼此都不了解，不要这么冲动就做决定，但大萍完全听不进去。

我们都知道她这么做是为了什么，不过就是为了给前任寄去一张请帖，想告诉他，她不比谁差，更不是没人爱。

就为了享受那一点报复的快感，她就这么轻易地把自己下半生的幸福，交给一个并不怎么了解的人。

两年后的今天，我们听说大萍正在跟现在的老公打离婚官司，争孩子的抚养权。

傻吗？真的很傻。

报复前任的各种方式里，最傻的一招，大概就是伤害自己，自损八千，杀敌数零。有些东西已经丢了，就别再让自己不快乐了。

总是有读者问我：“姐姐，报复前任最解气的方式是什么？”

这个问题，真的好难回答。我只能说，当你兴高采烈地穿着新鞋出门，刚出门就踩到泥巴，你是选择一直生气让那块泥巴毁了你一天的好心情，还是把泥巴甩掉，继续走你的路呢？

抓着那一点不甘心不肯释怀，刺向别人的剑，最后都会插回自己身上。

反反复复地纠缠，让对方疲于应付的同时还花费自己大好的时间，真的有必要吗？报复完一时爽，可爽完之后呢？真的就释怀了，高兴了，放下了？

我不是劝你宽容，我只是觉得因为折腾前任，而耽误浪费自己现在和以后的生活，真的不值得。

为了惩罚前任而消耗自己，太亏了。是新欢不够好，爱豆不够帅，还是逛街不够嗨，非要每天揪着一个旧人不放？

既然是前任，就让他留在过往的时间里。报复他干吗？他算老几？不管当初是因为什么，至少在你们决定分开的那一刹那，彼此都觉得没了对方自己会更好。一别两宽，别为难自己。

一生很长，要走的路也很长，把那块硌脚的石头踢掉，没必要在原地自怨自艾。一生又很短，短到爱一个人的时间都不够，何谈去恨一个人？

所有不再钟情的恋人，都是当初你在茫茫人海中唯独看到的他。如今，你只需再将他还回人海中，如此而已。希望未来有一天，你再想起他时，不是沉默或哽咽，而是微笑淡然地讲述你们的故事。人这一生，总会对很多事情怀有遗憾，或许有一天，你已经分辨不出来哪件更难过一些，哪件更刻骨铭心一些。

时间能做的，并不只是单单地让你忘记一个人，那些荒谬的往事，那些疼痛的记忆，它们影响了你，塑造了你，也证明了你的成长。这大概就是青春的价值，也是恋爱的意义。

曾经的你确实深深爱过，后来的你终于让这一切过去，不再对谁隐瞒，不再因为谁而否认，诚实且坦然。这便是你在他那里得到的最好的成长。

人们只会把那个深爱过的人称为前任。这辈子只能爱到这里了，我爱你不后悔，也尊重故事结尾。唯愿余生过得从容而不慌乱，深情而不纠缠，无畏遇见，无畏相爱，也无畏放下。

二十 一个好的前任就应该像死了一样

那天逛宜家，在地毯区碰到了前任，毫不夸张地说，我当时就好像看到诈尸一样，估计他也是一样的感觉吧。

我跟前任是异地恋，我们分手的时候，正值我工作调动，搬到现在这个城市工作，且暂住在同事家，每天下班后要出去找房子。工作尚未适应，没有足够的积蓄，没有朋友，一个人孤零零的，他偏偏在这个时候跟我提出分手，理由有很多，最滥俗的一条是我脾气不好，我俩性格不合。我当时哀莫大于心死，没有拉扯，很干脆地删除了他所有联系方式。

后来听共同的好友说起，原来他与我分手前身边就有了新人，我没去过问细节，尽管朋友替我打抱不平，觉得我应该是被劈腿，我也没再去深究，毕竟已成往事，也没有深究的资格，过去就过去了。

说实话，这几年我过得还蛮好的，慢慢有了自己的圈子，有了一帮热闹的朋友，有了明确的奋斗目标，首付了一套房子。有时候真的想不起来还交往过这个人，大概是我一直在往前赶路，连回望过去的心思都没有过。

所以，碰到就碰到喽，转身我就忘了，可谁知晚上到家没多久，微信显示新的好友申请，就是前男友。头像还是大学时我在校门口帮他拍的一张照片，顶着这个头像来关注我，司马昭之心。

并且申请信息写得还故作轻松：“嗨好久不见，今天看到你差点没敢认，你变得更漂亮了。”看完我随手就把这条申请信息删除了，完全不想通过他的好友申请。

我对自己的态度其实也有点惊讶，毕竟是大学四年唯一喜欢过的男孩子，可如今呢，再次面对他的时候，我竟然内心毫无波澜，对他如此冷漠。

我把前任加我微信的事告诉了闺密，从闺密那里得知，原来前任上个月被分手了，女朋友去韩国整容回来搭上个富二代，把他甩了。最近他工作、事业也受挫。闺密觉得我早不关心这个人了，也就没和我提，她也很吃惊，那个人居然有脸再回头找我。

好吧，当年是有点恨他，后来是无感，现在变成了看不起。

可能我见识少，我真的不懂，当年被绿被甩的是我，主动离开的是他，现在干吗又回头关注呢？难道觉得当年伤害值不够，回来再补几刀？

闺密说：“这你还真是不懂了，凡是回头的，一般都是当时主动提分手的那个人，因为他在心理上有种优势和优越感，觉得当时是你不想分开，而我偏要走，你是不舍的那个，是爱得深的那一个。所以很有可能我一旦回头，你还会包容我，接纳我。”

“哪来的自信？找个新欢多好啊，吃回头草太没出息了！”

“因为他过得不好，过得好的话肯定没空搭理你。他要是能撩到女神，会回头试探你吗？”

我听罢拼命点点头。

晚上刷微博的时候，恰巧看到这句话：“一个好的前任就应该像死了一样。”

你过得好，我不会羡慕；你过得不好，我也不会嘲笑。最好的状态就是，消失在对方的生活里，各过各的，互不打扰。

奉劝天下前任们，不要自己过得不顺心了，就忍不住回头打扰前任，看起来是感情驱使，其实本质就是自私。想在当年的爱人身上找找优越感，找回被偏爱的特权，找回无条件的包容，却忘记了自己当初是怎样伤害别人的，怎样一走了之的。在现实里破镜重圆的戏码并不好上演。

道理我们都懂，时间若是过去太久了，不如就把回忆的门关上吧，把所有的曾经做成标本，不再期望它们还能像当时一样鲜活。毕竟很多旧事经不起重提，大多不切实际的相见，都不如不见。

我们总是会死守一些美好，还时不时拿出来掂量掂量，以为怀念是最好的遗忘，等有一天，回忆起来，觉得什么都已经风清云淡了，也就真正地释怀了。

我们无法控制别人回头，但我们自己首先要好好掂量一下，值不值得为一个自私的人再犹豫一回。如果不值得，请彻底无视，或者拉黑拜拜。

就像那句“别和好，会重蹈覆辙”一样，听起来简单粗暴毫无道理，但实际却说中了很多结尾。

《奇葩说》里有一段话说得很好：“每一段爱情都有它的彩蛋，我相信这一点，它的名字叫作成长，你需要一段时间去孵化它，我的前任跟我在一起的时候是一颗钻石，跟别人在一起的时候也是。我呢，跟他在一起是石头，但是跟别人在一起，我把自己变成了一颗钻石。”

爱过的意义不仅在于怀念，也在于成长。

或许，我们今后不会再喜欢像他那样的人了，但会记得自己曾经喜欢他的感觉，很痛，但还好他出现了，让你明白失去和告别是成长的必修课，也懂了走掉的那些人，是为了给后来的人腾出地方。分叉的头发记得剪掉，离开你的人，就让他走吧。不必再苦苦追问，他们也会成为别人世界里的后来人。

那些曾经以为痛起来会死掉的伤，时光终会为我们一一抚平。

前任最好的解脱，是你过得好与不好，都不必让我知道。

前任最好的告别，是这一世的缘分已尽，我很好，你也保重。

有人说现代人的感情哪，脆弱得就好像 ICU 里的心电图，说不定突然哪天点开朋友圈就只能看到一条横线。

我遇见过对我很好很好的前任，也遇见过开始很好、后来很不好的前任，没有遗憾，没有恨意。

从臭味相投到分道扬镳，从相见恨晚到再也不见。从浓情蜜意到各自沉默，从无话不谈到无话可说。会遗憾、难过、心酸、五味杂陈……

过去和现在，虽然中间隔了很多时间，隔了很多人很多事，但正因为隔了这些时间的人和事，我才能把那些因记忆衰退和时空局限的干扰而缺失的拼图补齐，才能冷静客观地看待过往的感情。

有些人走进你的生活，只是为了完成他的使命——给你痛苦，让你有所感悟；给你快乐，让你有所信仰。他只是命运安排的一个转折，一个契机，一个诱因，当他在你的生命中完成使命后，便会离开，并不是你从前想象的那样，应当执着于生生世世。

你和有些人的缘分，就像碗口那么浅，但你死活避不开。你和另一些人的缘分又像是千年深井，深刻隽永，纠缠不清。

最初的我们如同一张白纸，在爱的过程中写写画画。我们沾染了那个人的气息，记载了有意义的成长。记忆在世间这块橡皮擦里慢慢模糊不清，但白纸上凹陷的纹路却是擦不掉的。

即使分手了，那个人给的影响仍然刻在骨子里，如影随形。这大概就是后来我们喜欢的人都像那个人的原因吧。

书上说："恋爱最珍贵的纪念品，从来就不是那些你送我的手表和项链，甚至也不是那些甜蜜的短信和合照。是你留在我身上的，如同河流留给山川的，那些你对我造成的改变。"

"可以做朋友吗？"这是故事的开始。"还可以做朋友吗？"这是故事的结尾。也不是所有前任，都应该进入黑名单。毕竟我们只把深爱过的人，叫作前任。有幸相爱一场，希望以后我不孤独，你也能找到自己的幸福。

从来就没有该结婚的年纪

一个女孩，她过得是否快乐，与天气无关，与年纪无关，只和她遇到了什么样的人，过着怎么样的人生有关。

前几天，我突然就被拉进了一个高中同学群。然后，接下来的几天里，陆陆续续有人被拉进来，群里变得越来越热闹，同桌相认的、互相揭老底的、放大招爆料的、大搞“旧照片回忆杀”的，等等。一上午没看手机，就动辄成百上千条未读信息。我偶尔会爬楼看看，当年很多画面本来都忘记了，却像是情景再现一样，每件事情都历历在目。

想当初，大家都是十五六岁的年纪，一起坐在同一间教室里，你看过他被英语老师点名罚写单词；他记得你设计过的黑板报；她借给你漫画书看；你偷偷抄过她的一道数学题……几十个人，虽说如今已经天南地北，回头想想，还是觉得无比美好。

但其实在这个群里，最活跃的人几乎永远是那几个人，大多数人都很少发言，当个吃瓜群众，我就是其中一个。

很快，群里的同学都开始互加好友，当有同学加我时，我也没迟疑，很开心地就按了“接受”。

在这之后，很多人大多没了下文，默契地变成了朋友圈里的点赞之交。

还有一部分人，三句话内，你就想结束聊天。比如，就有同学直接问我：

“听说你出书了，以前上学的时候老师就总是夸你作文写得好。对了，你结婚了吧，老公做什么的？”

“没有没有，我还单着呢。”然后接一句“哈哈”，就当是自嘲了。

“也挺好的，一个人自由。”

本以为这场对话就该就此结束了，可谁知对方追加一句：“别太挑了，差不多就行了，真的。”

我当时真的不知道该回复什么，那种感觉就像上学的时候，老师那句“就差你没交作业了啊”。

其实催婚的明话暗话，我自认为已经免疫了，但每次听到这样的话，还是觉得很尴尬。我要是说“真的不是挑剔，而是没遇到而已”，大概又会被认为是矫情吧。

我想，很多人会跟我一样也弄不明白吧，自己心地善良，品行端正，工作稳定，社交健康，可为什么迟迟都遇不到合拍的人呢？丘比特怎么就那么忙呢？还是自己忘记在月老那里领号码牌？不得而知。

200多集的《老友记》里，有这么一集。

大家张罗着给Rachel搞一个生日派对，可她一直对自己年满30，即将要开始“三字头”的人生这件事耿耿于怀，怎么都没办法接受。虽然有很多礼物可以收，可她就是很郁闷，大家怎么哄她都无济于事，仿佛30岁来了就到了世界末日一样。

当时的我其实并不理解，“奔三”这件事，真的有那么可怕吗？

可当自己快临近30岁的时候，已经不记得自己是从哪一瞬间开始意识到自己“奔三”这件事的。是听着新来的后辈同事很自然开口叫我“姐”的时候，还是在电梯里碰见小孩子奶声奶气叫我“阿姨”的时候，或者是闺密生了宝宝，而我喜提“干妈”称号的时候？

我们十八九岁的时候，总是相信未来会有人披荆斩棘，像王子杀死暴兽出现在自己面前，虽然脚步疲软但眼神漾满了温情。

后来，我们在现实里跌跌撞撞，才明白指望别人来改变自己的世界并不美好，甚至还有点可怕。

女孩子都在问：“好老公在哪呢？”

也有人感叹："找个好人嫁了，比考学位、找工作还要难！"

也不止一个人对我说过："你怎么还不结婚，再等下去，好男人就被抢光了！"

总之，对自己仿佛一夜之间不再年轻的事实是万分不爽的。

因为写作的关系，我加了一个投稿群，便凑巧认识了任小姐。

任小姐是位颜值在线、衣品高级、工作能力一流的女强人，说话办事干脆利落，走路自带气场，好像没有事情是她处理不了的，没有什么难关是她跨不过去的。

然而，人永远是多棱镜，看似再强悍独立的人，也有柔软面。

有一次，同城的我们几个人约了小聚，从餐厅出来的时候，任小姐处在微醺的状态。因为顺路，我和她一起打了一辆车。在车上我们俩聊得也蛮开心的，等红灯的时候，她的状态一下就不对了。

那会儿正是初夏时节，车窗基本都是开着的，旁边车道的那辆车里，坐着一家人。孩子看着还很小，乖乖地坐在儿童椅里。两位老人一个劲儿在逗孩子笑，孩子妈妈坐在副驾驶时不时也回头跟着一起笑。

绿灯亮了，任小姐眼圈红红地跟我说："每次回老家看望父母，我都在心里跟自己说，今年一定要结婚，把自己嫁了，让父母安心。但是稍微冷静下来一想，还是不行……我也想把生活过成父母期望的样子，可是你知道，有些事真的不可控，真的没办法。"

这个在外身穿铠甲、披荆斩棘的女人，那一刻的眼神里透着落寞，整个人像是被洗劫一空一样，脆弱得让人心疼。

对爱情有所挑剔，是对自己负责任的表现

任小姐的样子，让我想起在丽江认识的一个朋友——小猴子。

那年，我们几个朋友一起在丽江订了间客栈，作为前台的小猴子出来接待我们。那里的时间仿佛与现实格格不入，上午 9、10 点钟的时候，整个古城好像才刚刚苏醒，我每天都要一个人在院子里晒会儿太阳，和小猴子便聊得多了起来。

小猴子原本生活在南京，辞掉了银行的工作后来到了丽江。我不知道她的年龄，看上去总觉得也就二十八九岁的样子。

小猴子跟我说，原本她以为自己就要那样过一辈子。在体制内安安稳稳，和大多数同龄人一样结婚、生孩子、料理家务。

父母对她一直未婚的事情很着急，就是那种眼看别人家的孩子人生考题都要交卷了，自己家姑娘还在磨蹭做选择题。有很长一段时间，小猴子说她会莫名烦躁、自我怀疑。看什么都不顺眼，工作也就那样，懒得钩心斗角。总之，没有一件能让她开心的事，也不知道一辈子就

这样活着到底有什么意义。

自己明明没有错，却又像犯了什么天大的错。在彻底受不了这种无力证明自己，又频繁受质疑的状态后，小猴子决定出去走走，而这一走，便留在了丽江。

离开的时候，我们彼此留了联络方式，然后就一直联络着。我看到她去年发过一条朋友圈，配图是一张她站在布达拉宫前的照片，蓝天很美，宫殿很美，她的笑更美。

许多个夜里，小猴子会给我发信息说："我有时候会幻想自己的爱情像俗不可耐的电影剧本一样，在机场领错了彼此的行李，或是在小酒馆不小心将酒水洒到对方身上，或是在某个书店，两个人共同在书架上拿起一本书。可结果什么事都没有发生。"

不过值得高兴的事，小猴子并没有让那个对的人等太久。

在她最新的动态里，我知道她恋爱了。她的照片不再是自拍，而是男友视角。演唱会的票是两张，鳗鱼饭是两份，有人帮她修理花店的灯泡，有人和她一起打烊。照片里的男孩看上去谦和干净。金童玉女，一对璧人。

这让我突然想起张嘉佳写过的一段话：我希望有个如你一般的人，如这山间清晨一般明亮清爽的人，如奔赴古城道路上阳光一般的人，温暖而不炙热，覆盖我所有肌肤。由起点到夜晚，由山野到书房，一切问题的答案都很简单。我希望有个如你一般的人，贯彻未来，数遍生命的公路牌。

嗯，斯人若彩虹，遇上方知有。

听小猴子说，她第一次有了想结婚的念头，是上个月去尼泊尔，男孩在零食袋里藏了一枚戒指，小猴子在路边摊随手买了十几块钱的头纱，戴着头纱的小猴子吃到惊喜的戒指，两个人在街头互相望着对方，就开始没来由地傻笑。

如果是在电视剧里出现这样的桥段，我肯定会吐槽："这编剧也太老套了吧，没创意。"但小猴子的故事，还是让我心里颤了一下。

一个女孩，她过得是否快乐，与天气无关，与年纪无关，只和她遇到了什么样的人，过着怎么样的人生有关。

结婚不是赛跑，不是谁更快到达，谁就是赢家。

"世上只有该结婚的感情，没有该结婚的年龄。"这句老梗出自情商超高的志玲姐姐，不知戳中了多少人的内心。

不要为了结婚而结婚。值得期待的婚姻，不应该是因为年龄大了，因为各方面条件都合适，因为父母双方彼此满意，因为受不了别人异样的目光，它只该因为很爱一个人，你从前从没动过结婚的念头，但因为这个人，你想要和他建立家庭。

罐头是在 1810 年发明出来的，可是开罐器却在 1858 年才被发明出来。很奇怪吧，可有时候就是这样，重要的东西有时会迟来一步，无论是爱情还是生活。

那个大雨中为你撑伞的人，那个不顾一切为你挡住危险的人，那个黑暗中默默抱紧你的人，那个陪你彻夜聊天逗你笑的人，那个将哭泣的你心疼地搂在怀里的人，那个无论发生什么都以你为重的人。该出现的时候，他必定会狂奔向你。

他也许并不是和你在人群中谈笑嬉闹、把酒言欢的那一个，但一定是能在安静的时光里，与你认真分享这个世界的那一个。让你不惧柴米油盐酱醋茶的蹉跎，也不怕年华渐老的考验。只有深爱你的人才能满足你对这个世界所有的矫情，而且他看你的眼睛光芒闪烁，就像汇聚了全世界的灯火。

所以，亲爱的，别拿年纪给自己设限，衡量人生好坏的标准从来都不应该是你是否在某个年龄做没做某件事，而是你是否实现了自我，是否过上了自己期许的生活。

你就走你正在走的路，听你爱的歌，看你爱的电影，坚定不移地走下去。不要怕没人与你分享，想要遇到共鸣，就得先找到自己。总有人也会听那些歌看那些电影，不要怕相见恨晚，相见恨晚后藏的都是终于等到你。

岁月是月老，他会帮你遇到那个人，不管他是否姗姗来迟，或者以怎样意想不到的方式出现，请你相信，他正在路上。

他应该与你一样，只因为被对方真心吸引，而非其他。你自己想要的所有终点，都可以经由自己一步一步踏实跋涉去抵达，纵使路遥马亡，纵使前路漫漫，你知道，那一天，总会到来。

等待如果有结果，那么花费的时间都值得。对于感情，你得到它们的前提，就是你始终相信它，相信美好的灵魂，总会相遇。

愿你厨房有烟火，客厅有爱人，居室有温情；愿你早起不孤独，白天有事忙，黑夜有人陪；愿你有前途可期，有未来可盼，有岁月回首。

当下的年代里，也许谁都成不了什么盖世英雄，但若真的爱了，还请你爱得奋勇一点儿，别枉费了丘比特射中你的一番美意。

这花花世界，要说有哪里不同，大概就在于情谁与共。

没娶的不用慌，待嫁的也别忙。经营好自己，珍惜当下的时光。

爱情产生的原因千奇百怪，青春期的时候撞上一个女孩若有所思的眼神，如同坠入冰窖的人生低谷拉住一双温暖的手。对爱情有所挑剔是对的，毕竟只有对的形状才能嵌入彼此心中的缺口。

用点真心吧，现在的姑娘可不好骗了

别指望用一把假钥匙去打开谁的心门，大家都挺忙的。

元旦是和朋友们一起过的，零点的时候我在朋友圈晒了一张姐妹们的照片，引来无数小哥哥的点赞。

一位男生微信问我："照片里左边第二个女孩子的单身吗？"

我没理他。

第三天，第四天……这个男生每天都会问我几句关于照片里那个女孩子的事。我便把这事告诉了那个女孩，女孩倒是大方："那就加个微信吧，都是同龄人，交个朋友嘛。"这个信息年代，大家对此其实都心知肚明的。于是我作为"媒婆"，便为他们两个搭桥牵线，然后，我清净的生活就此结束了。

我像个不定期就会被提审的犯人一样回答他

们没完没了的问题，又要像法官一样为他们的鸡飞狗跳做裁决。“媒婆”不是什么美差，真的能不当千万不要当，哪怕你是不得已的。

女孩性格开朗，说话爽快；男孩则性格内向，话不多，很多事都放在心里，但是情绪都挂在脸上。两人大概聊了三个月，女孩觉得并不合适，可男孩并不这样认为。

女孩说：“我已经不是刚入世的年纪了，不好骗了。”

原来，女孩最初是有心和这个各方面看起来还不错的男孩交往的，也给过男孩表现的机会，可打了几回交道，发现男孩属于光说不练型。许诺的时候洋洋洒洒，兑现的时候若无其事；告白的时候深情款款，被拒绝之后横眉怒目。

有一次，女孩感冒在家，男孩打电话约女孩看电影，女孩表示不舒服不想出门，男孩说出来透透气或许会好呢，女孩答应了。等女孩收拾完后，问男孩到哪里了，需不需要给他再发一次住址定位，男孩表示自己已经到电影院了。原来，他压根儿就没打算来接她一起走，即便是知道她身体不舒服。

还有一次，深圳暴雨，女孩虽然起个大早，但仍然叫不到车。眼看要迟到了，女孩心情本就有点焦躁，跟男孩吐槽，可谁知道男孩上来就开了一个不合时宜的玩笑：“又迟到了，会扣钱吧，那你有点惨。”女孩随即拉黑了男孩。男孩却不解，为何开个玩笑就要被拉黑。

让女孩彻底受不了的就是这一次，女孩近期总是加班，胃病犯了，自己请假到医院输液。恰巧男生发微信问她在干吗？女孩发了一张挂号单给他，随即，男孩就发来一大堆“养胃指南”的链接，并信誓旦旦说：“小笨蛋，以后你和你的胃，都由我来照顾。”

照顾？怎么照顾呢？女孩直到输液回家，也没有等到男孩子一句“在哪个医院，我现在过去”。何来照顾呢？

女孩表明了自己的想法，然后删除了男孩的所有联系方式。

晚上，我看到男孩发了一条朋友圈：自古深情留不住。

我看到之后真的是不知道说什么好，人一旦矫情过了头，真是像极了爱情。可问题是，除了动动嘴，你全身上下，哪一点像个痴情的人？

世界上最没用的东西，大概就是“不去兑现的承诺”，它不需要成本，不需要技术，嘴巴一张一合，就炮制出一个泡沫承诺。

这就像你发现还有一个星期就要考试了，然后对自己说，明天我要成为学霸；看到账户余额可怜巴巴，说明天我要暴富，都是同样的道理。这种高喊的口号，到底是为了哄骗别人，还是安抚自己？

我在摄影课上认识了一位在杂志社工作的朋友——Daisy。Daisy 在最忙的时候，每周要带领团队完成三四个专栏，还要出差、开会、策划选题。摄影是她最大的业余爱好，虽然是玩玩，但她玩得很认真很高级。

有天下课，Daisy 招呼我们几个朋友一起聚餐。我们也是那天才知道，原来餐厅的主厨就是 Daisy 的男朋友，一个高高瘦瘦的南方男孩。

那天，我们是餐厅最后走的客人，当然也是陪 Daisy 一起等男朋友下班，她男朋友换下工作服，穿着干净的白衬衫牛仔裤，大方地与我们打招呼，说话风趣，但不油腔滑调。可以感觉得出，他和 Daisy 一样是看重生活品质的人。

当晚，大家都喝得微醺，从吐槽客户如何挑剔，说到海景房的房价又猛涨了多少，再说到“赚钱的意义到底是什么”。

主厨先生说：“我们每天辛苦工作这八小时，其实是为了这八小时以外的时间能过得更好，那才是生活的乐趣。我努力赚钱的意义没有多高尚，Daisy 不是喜欢摄影嘛，那我就赚钱支持她，给 Daisy 买更好的镜头和三脚架。”

不知道为什么，当时一瞬间，我觉得这个大男孩特别靠谱、特别可爱。

当然，你可能也会说，主厨先生不也是用嘴说说吗？

可事实是，主厨先生真的做到了，原来 Daisy 一直想开一个独立的摄影室，创业基金主厨先生已为她提前准备好，他打趣说这是投资。

正是主厨先生的做法，让我明白 Daisy 这种在外独立好强，看上去难以驾驭的新女性，在看着主厨先生的时候，眼神满是柔和与坚定。

主厨先生大概就属于那种让人羡慕的“别人家的男朋友”吧，毕竟喜欢是说尽好话，爱是甘心付出。

我从来都不觉得一段稳定的爱情和物质没有任何关系，我见过连一个手机壳都舍不得给女朋友买的富二代，也见过自己穿十几块钱的旧T恤，给女朋友买一件上千元大衣的IT男。

当然我也不是说这年头追女孩子就必须天天送名牌，顿顿吃大餐，月月出国游。我只是觉得从消费这件事上可以看出一个人的生活态度和他对你的态度，说得再远一点，这也直接关系你们会把未来的日子过成什么样子。

如果一个男生心疼你挤公交，埋怨你不按时吃饭，提醒你早睡早起，嘱咐你下班回家注意安全……请先不要急着感动，以为遇到了世界上最在乎自己的人。

不要做被一句好听的话、一个空洞的承诺就哄得团团转的傻姑娘。等他订好了餐厅，你再相信他是真的想请你吃饭；等他在你有麻烦的时候出现在你面前了，你再相信他是真的关心你；等他在大是大非面前坚定地站在你身边了，你再相信这个人真的是想跟你在一起。

千万小心，因为有的人连自己都骗，更别说是你了。

检验真心的标准，不是说了多少，而是到底做了什么。都是100多斤的人了，稳重点好吗？别指望用一把假钥匙去打开谁的心门，大家都挺忙的。

他不认真，你又何必当真

> 感情中只求付出，不求回报的，往往最后都能如愿以偿地得不到任何回报。

人生三大错觉：手机振动、有人敲门和他很爱你。人们常说深情从来被辜负，只有薄情才会被反复思念。

周同学喜欢上了同校的一位女神小姐，便在操场上策划了一场表白仪式，女神小姐很惊讶，但什么都没说。周同学沮丧了几天，但很快调整了自己的状态。他说：“没关系，她可以拒绝我，但我不想掩饰自己对她的喜爱。”

于是，周同学将莽撞的告白变成细水长流的追求，知道女神小姐不习惯早起，便每天早上给她带早餐；知道她喜欢吃零食，便换着花样买来送给她；知道她喜欢浪漫，每逢节日就送她花；知道她喜欢香水，便时刻关注彩妆的新品发布，发现合适的，就拜托国外的朋友帮他买回来。

女神小姐明知道周同学对她那点路人皆知的爱慕之心，却依旧不动声色，一派天真懵懂地接受着周同学对她的好。在他快要放弃的时候就撒个娇，在他试图发起攻势的时候又若即若离委婉暗示“我们大概只能做朋友”。

周同学为此痛苦万分，深夜拉着我们几个买醉。最开始我们还劝他“天涯何处无芳草”，后来实在没有办法，便任由他自生自灭吊死在女神小姐这棵树上。

后来，女神小姐失恋了，给周同学打电话想找人陪陪她。正在准备考试的周同学放下厚厚地参考书，骑着他的电动车十分钟就赶到了女神小姐的宿舍楼下。周同学把用来准备考试的时间都用来陪他的女神小姐。逛街、逛公园、逛游乐场，女神小姐哭诉前男朋友负心，然后眨着泪眼看着周同学说:“只有你对我最好。”

那天，周同学激动到凌晨也睡不着，发短信给我:“我觉得，这次我有戏。”

我没搭理他，他干脆把电话打过来，还是那句话:“我觉得，这次我有戏。”

我困到几乎无力地回他:“那恭喜你了。”

周同学对自己的胜算十分有把握，决定再向女神小姐隆重告白一次，这一次的场面布置得比上次还要大，准备的告白词比上次还要感人。他兴冲冲地买了一大束玫瑰等在宿舍楼下，却看到了在男朋友怀中眉眼温顺、笑容甜美的女神小姐，那是周同学从未见过的百般温柔。那温柔像是一把刀，扎进周同学的心里，深不见血，却刺痛得难以复加。

是的，女神小姐和男朋友和好了。

女神小姐缓缓走过来，跟男朋友介绍："这是我同学小周，人很好。"

周同学哑然失笑。

晚上，一个朋友多喝了几杯，大吼道："这女的简直就是个白眼狼！"

周同学闷声回答："那些都是我自愿的，怨不得她。"

过了一会儿，他又加了一句："我一直觉得自己是有机会的。"

我只好对着周同学叹气："你哪里是备胎，简直是情圣。"

女神小姐显然是不爱他的，或许在某些瞬间也想过让这个温暖的大男孩走进自己的心，但最后，她不爱他，任他再优秀也还是爱不上他。

人有三件事没办法隐瞒：咳嗽、贫穷和爱。越是隐藏，就越是欲盖弥彰。但实际上，还有一件事，那就是不爱。

没人知道，那天晚上喝酒，周同学小声问我："你说，她喜欢过我吗？"

我说："也有好感吧，但这点单薄的好感不足以让她选择你。"

周同学猛喝一口，不再说话。

什么东西都可以讨一个说法，求一个公平，唯独感情不能。它没有公平可言，更不会“按劳分配”，深爱的一方从来都是弱势群体。

抱着无限的期待，以为备胎最后终能成真爱。可实际上，备胎就是备胎，对方随便一个转身，就是一场没有归期的等待。

我记得曾有人这样写过备胎：“世界上有一种角色叫炮灰，他们资质平庸，他们努力非凡，他们永远被用来启发和激励主角，制造和解开误会，最后还要替主角挡子弹——只有幸运的炮灰才能死在主角怀里，得到两滴眼泪。”

没有人会像你想象的那样爱你

娜娜喜欢上音乐系那位学长的时候，是知道他有女朋友的，娜娜也知道这样的人不应该去喜欢。她也确实提醒自己要与他保持距离，可让人始料未及的是，这位学长竟然隔三岔五主动来找娜娜。

“周六去看电影吧，我期待很久的片子上映了。”

“有空来音乐室听我弹琴吧。”

“我有个朋友从外地过来，你跟我一起去接他吧，顺便介绍给你认识。”

“感觉你审美不错，陪我去买衣服吧。”

……

偶尔也有周围人起哄："你们两个是不是谈恋爱了？"学长总是立刻回道："这是咱学妹啊，别乱说。"

他的女朋友也因此吃过醋，甚至当着娜娜的面和他吵起来："你俩今天给我说清楚，你们到底什么关系？"娜娜是心虚的，自然不敢作声。学长倒是一副生气的样子说道："她是学妹，你这样闹有意思吗？"

音乐系举办活动，娜娜去捧场。学长演出完下台后，径直地朝娜娜走了过来，把花递给了娜娜，"这么好看的花，放在你手里才配。"喜欢的男孩子在大庭广众下朝你走来，那份心动有几个女孩子能抵挡得了呢？

活动结束后系里聚餐，闲聊的时候讲到理想伴侣，学长一把搂过坐在旁边的娜娜说："结婚当然要找娜娜这样温柔懂事的姑娘啊。"

可每每有人问起他俩的关系，学长就一个标准答案——"关系不错的学妹"。

什么是学妹，不过就是换个旗号的备胎罢了。他不过是享受被年轻漂亮的女孩儿敬仰的感觉，享受懵懂又听话的女孩儿围着他打转，还不必对她们的感情负责任。

这样的男孩，分明是在利用别人的感情来给自己排遣寂寞，年轻的小姑娘当然会天真地以为他心里是有她的。

可是，当知道自己是备胎，还不肯走出来，贪恋那点模糊不清的暧昧，就太傻了。像圣母一样，不计回报地给予他全部的陪伴；像英雄一样无所不能，在他需要时给予帮助；做他寂寞时的陪伴玩偶，失落时的励志语录，失眠时的摇篮曲，苦闷时的小甜心，就是当不了他正大光明的恋人。

你以为再多几句关怀，再多几次见缝插针的投怀送抱，他就会和女朋友一刀两断，将你从N个备胎中扶正，从此爱你一心一意。你以为再努力一点，再坚持几天，他就会懂得还是你最好，最完美。可当他烦了你的时候，你会发现你连发脾气的资格都没有。

你说，为了爱情飞蛾扑火不行吗？当然行。

付出自己的感情，尽情地燃烧自己，我一直都相信爱情的伟大。可是在奋不顾身之前，也要先擦亮眼睛看清这段关系，究竟是不是爱情。

盲目地喜欢一个人是一件疯狂的事，但疯狂过后，是不是该回头好好疼爱自己了呢?

璇子问我：你有没有试过爱一个人，爱到因为他喜欢绿色。于是你的床单也成了绿色，毛巾也成了绿色，香皂也成了绿色，连看到绿色包装的零食，都会不假思索买下来。可是，却不敢穿一条绿色裙子出现在他面前。

“为什么？”我问。

“笨蛋，那样的话就太明显了。”璇子的脸上有着难掩的悲伤。

璇子陷入了回忆，又慢悠悠地说：“我第一次遇见他的时候，他穿了一件白衬衫，身上带着淡淡的皂香味，眼睛特别有神，连微微皱着的眉头都那么迷人。”

“就好像是……”璇子顿了顿。

“就像是一看到他，自己的神经就会马上绷起来，会莫名地自卑，觉得自己配不上他，甚至面对他时都有点慌乱，一想到他就想哭想笑，就是没办法冷静。你懂我这种感受吗？”

我摇摇头。

她自顾自地说：“哪有人一开始就知道自己是备胎的呢，都是后来才发现的。”

“你是怎么发现的？”

璇子说：“就从他不回复我信息，却发了朋友圈的时候吧。”

我忽然想起曾经看到过的一句话：爱一个人爱到了深处，就突然有了软肋，却没有铠甲。

璇子就是这样的姑娘，大家也不是没劝过她，可她说，守得云开见月明。

其实，在我们看来，那不过是个很普通的男孩子，还有一点过分消瘦。可是在璇子眼中，他帅得和吴彦祖不分上下。

璇子和他称呼彼此为蓝颜知己。他俩常常标榜这份“别样的友情”。

其实这并不是什么值得炫耀的“友情”，有一条线是不能去触碰的，这一点璇子再清楚不过。

我们一块吃过饭，在座的每个人都能感受到，璇子和他，一个在拼命靠近，一个在小心后退。他没有在言语上拒绝璇子的好，可他的表情和动作都出卖了他的心。

璇子为他擦汗，他嘴上说着“谢谢”，表情却相当不自然。

璇子剥好了虾要喂他，他表面上笑着，身体却在抗议般地后退。

在 KTV 唱歌的时候，每到璇子唱到动情时，他就拿起手机，装作看不见。

抱着期望的璇子等来一次次的失望，这份单向的喜欢，哪怕从未拥有，她也不想失去。

后来，璇子说她累了，那虚假的友谊幌子撑不住了。

璇子说：“原来备胎的感觉，就是他的每一次笑，你都觉得那是在对你。可你后来才知道，他对很多人都这么微笑，你不过是其中之一。”

你一笔一画地描绘着有他的未来，他却拿着橡皮擦一点一点用力擦掉。不爱你的人你感动不了，装睡的人你叫不醒。你一定要明白，他不是不懂得爱，他是根本不爱你，他也不是叫不醒，只是不想睁开眼看到的人是你。

以前璇子很喜欢*One Day*这部电影，因为它给了观众一个备胎20年终成正果的美好结局。那时候的她看一遍哭一遍，倔强地幻想着也许有一天，他能明白最爱他的人是自己。

前不久，我跟璇子重温了这部电影，结局虽是两个人结婚生子，最终却是阴阳相隔。璇子淡淡地说："备胎到底，还是没有太好的结果，可如今想想，我还是不后悔曾经付出过。"

我看着璇子晶莹的眸子，温和又平静，那一刻不知为什么，我特别想哭。

感情里最猝不及防的，就是被人当成备胎。

他心里有你吗？也有，但你只占很小很小的一部分，分量很轻，轻轻一拍一吹，就消失了。就好像，在广场喂鸽子，它只是为那一块面包屑而来，那是它的需要，而你不是它的必要。

一个人喜不喜欢你，有没有用心，其实是可以感受得到的。喜欢是一种特别的情感，强度和浓度都是不同于其他普通人际关系的。只是有时候我们假装感觉不到，习惯欺骗自己，承诺了不该承诺的，坚持了没必要坚持的，但爱这回事，与承诺和坚持无关，也无法勉强。

当他对你视若无睹，当他不回复你的信息，当他面对你的眼泪依然冷眼旁观，不是他狠心，也不是他在忙不愿意搭理你，而是你在他心里没那么重要。你住不进他的心里，还死赖着不走，一遍遍试图突破那层围墙，却眼看他把墙砌得更高。

真正的走心是什么样子的?

是愿意花时间花心思在你身上，把你放进他平淡无奇的生活和未来里，是舒服自然的状态，不急着离开，愿意慢下来，和你一起消磨人生。

他不认真，你又何必当真。

从来就没有不可治愈的情伤和忘不掉的恋人，若无能为力，就应该掉头离开。希望你见过很多假意和真心后，仍然知道自己想要什么。

你应该做一个人独一无二的锦鲤，而不是他鱼塘里一条可有可无的鱼。

不肯护你一时的男人，如何护得了你一世

> 其实好多事情没有必要非追问一个答案，你回头看看他做过的那些事，就是答案。

黛黛和猪哥的办公室恋情已经持续了三个年头。黛黛成为公司的骨干员工，猪哥也晋升了项目经理。事业趋于稳定，结婚这事总算可以提上日程。新年过后，两人回深圳的第一件事就是买房子。

我们都觉得黛黛跟猪哥俩总算 happy ending 了，连婚礼红包都提前准备好了。可谁知年后上班，便听说了他们分手的消息。而且黛黛竟一声没吭辞了工作，谁也不知道她去了哪里。

之后的一年里，我们只能在朋友圈里看到她的消息。

她去了北海道的八幡坂，拍摄了可以做壁纸的绝美照片；去了布拉格广场的许愿池投下硬

币；去了电影《古墓丽影》的取景地塔逊寺；去了棉花堡泡温泉；去了格雷梅露天博物馆，在岩石洞穴教堂里欣赏壁画……

她回来的时候，我订了她喜欢的日料店为她接风。她黑了，也瘦了，利落的短发衬出她的洒脱。我们倚在落地窗前，我问她："到底为什么啊？你一走了之，留了一堆问号给我们。"

她嘴角扯出一丝勉强的笑："这悔婚的理由，说出来你们会觉得我矫情，但在我心里，它真的过不去。"

婚期前，黛黛和猪哥一起请了年假去上海迪士尼打卡。

为了梦幻城堡、粉红泡泡和从小到大一直喜欢的卡通人物，黛黛提前一周做好了攻略，买了早享卡，早上六点钟就起床去排队。

因为人多拥挤，黛黛入园后在去排项目的路上，被一个女孩撞了一下。碰一下本不是什么大事儿，可那个女孩的巧克力甜筒几乎全部蹭在了黛黛的粉色 T 恤上。

本来是件挺小的事儿，黛黛起初也没当回事儿，不过就是衣服脏了，本想着女孩道个歉，自己用湿纸巾擦一下也就 OK 了。

可女孩看都没看黛黛一眼，嘟囔了一句"可惜了我的甜筒"，便若无其事地走了。

黛黛听罢特别不爽，上前拽住她说："你的甜筒蹭到我的衣服了。"

"我看到了啊，你用纸巾擦擦不就完了吗？"

“你讲不讲道理！”

“我说得不对吗？”

“你连句‘对不起’都不会说吗？”

那女孩还再想说什么，可对方男朋友站起来了，冲着黛黛说：“有完没完了？都是出来玩的，你最好别没事儿找事儿！”

黛黛的火气彻底被激上来了，拽住女孩的手腕不放。这时候，迪士尼的工作人员过来了，劝了双方几句。黛黛这才想起猪哥，回头寻找，只见猪哥在离她不远处站着，完全没有过来替她说句话撑撑腰的意思。

黛黛更生气了，扭头就往外走。猪哥追上来：“你干吗，你现在出去，门票就作废了。这趟来上海不就是为了迪士尼来的吗？”

“你刚刚为什么不过来帮我？”

“我们是出来玩的，闹得不开心有必要吗？”

“是她撞到我了，弄脏了我的衣服。”

“大家都在跑，可能你俩是互相碰撞了一下，你也不能全怪别人。”

黛黛没有再说什么，那天两人刷完了之前计划要玩的所有项目。可是直到晚上烟花表演，黛黛也没有笑过，回到酒店后才发现，那一整天，黛黛的相机里都没有拍过一张照片。

这件事在黛黛心里别扭着，可有些事就是这样，它像块不大不小的石子硌在你心里，让你不舒服，可你又不能怎样。

黛黛喜欢的话剧《暗恋桃花源》剧组巡演到深圳，黛黛托朋友买到两张票。

由于下班前临时开了个小会，两人被堵在了去剧场的路上。检票进去后，话剧刚刚开始，两人猫着腰在剧场里找自己的座位，却没想到不过晚到了几分钟，位置竟然被占了。

黛黛压低分贝说：“不好意思，这是我们的位置。”

那人不耐烦地说：“你看错了吧！这是我的位置！”

黛黛在包里摸索找票，却一直找不到。因为是第二排，所以后面的观众开始不满，你一句我一句地嘀咕着“有没有素质啊”“不想看就出去”“来这么晚还不赶紧坐下”等等。黛黛刚想理论一下，有人就拽着黛黛的手腕退了出来，不是别人，正是猪哥。

“我们花高价买了前排的票，是为了观看体验更好，为什么拉我？”

“你没听到后面观众开始议论了吗，无所谓了，坐后面一样的。”

剧院里里满满的人，可那一刻的黛黛觉得，一片漆黑里，只有自己孤身一人。

黛黛说：“在外人面前都不知道护着自己女朋友的男人，真的能嫁吗？”

我被黛黛问住了。

“我从前最不想做的就是公主，等待不知哪年哪月才抵达的王子。

我一直想做女英雄，行侠八方。可当我看到对方男朋友站起来维护那个女孩的时候，我身上的骨头突然变软了，我也想躲在后面，有人可以和我同仇敌忾，为我挽起袖子上前理论，可是我的男朋友并没有这样做。”黛黛说完一口喝掉了杯子里的清酒。

因为这事分手，有人觉得黛黛作，但我觉得不是。那是黛黛的少女心，在男友几次没有站出来的时候，受到了重创。

当一份爱情真正打动一个女人的时候，哪怕她再好强、再强势，也会恍然一瞬觉得，她真的可以不用征服世界，不用冲锋陷阵，不用功成名就。她甚至有一点儿失去了雄心壮志，想要在某一刻当个被保护的小宝宝，并且心里默念着“我可是有男朋友的人！”

没你的时候，她可以是一个人走天下的角色，但她不能做全天候的女英雄，当举着利剑的手感到发酸，意志瘫下来的时候，她希望有人可以帮忙接住她的不勇敢。

人生已经够苦了，两个人在一起是为了制造光源和快乐。她需要你爱护，需要你理解她骨子里的一些稀奇古怪，而不是站在说理的高度，义正词严地泼冷水，毫无触动地袖手旁观。

还记得张嘉佳笔下的猪头吗?

他偷偷地暗恋着自己的师姐崔敏，然后选择用偷热水瓶的形式告白。

他在看到师姐被通报批评盗窃2000元钱的时候，攥着拳头，满眼泪水，义无反顾地选择相信她。

他在后来的每一个日子里，当家教做兼职，把自己挣到的钱拿给师姐，让她去证明自己的清白。

他从决定爱这个人开始，就把自己的信任和守护毫无保留地交给这个人了。

猪头说：“所有人都不相信她，只有我相信她。我要努力工作，拼命赚钱，要让这个世界的一切苦难和艰涩，从此再也没有办法伤害到她。”

他痴情，勇敢，一往无前。他收拾起自己所有的信任就跳进了爱情，他爱的人像一根定海神针，深深地驻扎在他的世界里。

猪头幼稚吗？不计对错和成本地去相信去保护一个人何止是幼稚，还带着点傻气吧。

可是，当很多人鄙夷“屌丝配女神”这种剧情时，很少人会想起，无条件的信任和交付有多难得。一颗为爱人怦怦跳动的心脏，即便是幼稚，也是一个暖到骨子里的存在。

你以为那些盲目相信的人到最后会一无所有，但其实最富有的东西，一定会长在心里，有的人难以割舍，有的人前赴后继。

说白了，女孩子所要的安全感，其实就是那种“小事你随便闹，大事我来扛”的心安。她需要确定不管发生什么事，不管在哪里，道理再多，他的眼里就只有她。什么事，他都说“没事”；什么锅，他都说“我的”。

“我就站在你这边”是一种珍贵的幼稚，它毫无根基可言，甚至带着风险。支撑它的是执着而无条件的爱，于是这样的幼稚往往会绽放出光芒，化成让你有所依傍的力量。你想想，那些至今仍能陪伴在你身边的人，哪一个不是因为暖心而情义交换。

世界粗鲁，不讲道理。社交复杂，你很头痛。

唯有一个温柔的人，把他的温柔都给你，才能抵御世界一切恶意。唯有“不管怎样，我会站在你这边”，才能让人底气十足。

千万别把直男癌当成男友力

喜欢用语言暴力打压女孩子来获取自我优越感的男人，最好离他越远越好。

知树的男朋友是一个很闷、话很少的钢铁直男，不解风情更不会说什么情话。

而知树正好相反，活泼外向，喜欢在朋友圈秀恩爱：今天两人在 KTV 深情对唱，明天两人一起去打篮球……

而男朋友的朋友圈从来没出现过知树。去尝试新的餐厅，他最多发几张美食的照片；出门旅行，他也只会发几张风景照，配一段攻略；就连 5 · 20 这种大型撒狗粮节日，他也就是给她发了红包，朋友圈没有丝毫痕迹。

知树偶尔也会问他：“为什么你的朋友圈里没有晒过我？”

他都一本正经地回：“只有你们女生喜欢经常

发些这样的状态，哪有男生会发的。”

然后，再多一句解释都没有。

没有女孩子不在意这点细节，那个人的生活里连自己的痕迹都找不到，那不就是在告诉别人：“我的蓝牙随时开着，可约？”可想来想去，知树不想因为这点事和男友闹不愉快，毕竟除了这一点特别扫兴，男友其实没什么别的硬伤。

有一天，知树在闺密群里没头没脑地发了一句：“怎么才能让男朋友更在意自己呢？”知树突然这么一句话，着实惊了我们一下。

万万想不到，一向提倡女性独立要爱自己论调的知树，会问这样的问题。

原来，平日里知树给男朋友发几张美美的照片，对方只会回复一个笑脸表情，或者冷冷一句“你要真长照片这样就好了”；知树喜欢的歌手开演唱会，对方说“喜欢你就去看呗”；知树说约他去看电影，对方不是加班没时间，就是下班要聚餐；知树说等他下班回来一起吃饭，对方说在加班，知树只好做好便当带去公司，却发现对方在休息室里打游戏。

爱情本该是对手戏，却完全变成了知树自唱自演的独角戏。

知树一米七的身高，虽没有维密身材，却也匀称有型。有一次难得两人一起逛街，知树穿了一件红色波点复古风长裙，搭配细跟凉鞋和黑色小手包，满心欢喜去赴约。男友看到的第一眼，说了句：“原来你喜欢这种乡村颜色啊。”知树瞬间黑线。

项目进度紧张，知树加班熬夜脸颊冒出几颗痘痘。男友便说：“你早过了青春期了吧，怎么还长痘，丑死了。”

有人说，这哥们可能是开玩笑的，你别走心。

有人说，宝贝你是最美的，直男哪懂什么审美。

还有人说，男人都是这样的，那种甜甜的恋爱只在偶像剧里。

过了一会儿，知树又说：“他昨天还说我的口红色号不适合我，说我穿牛仔裤显得腿很粗，他是真的嫌弃我吗？还是直男都这样呢？”

我忙完工作，看完群里聊天记录，实在忍不住了，说：“直男就可以打击自己的女朋友了吗？人家都不在意你这么明显了，你还问真的假的。”

姐妹们一下安静了下来。

几个月以后，知树在群里说：“我决定分手了，我觉得自己好累好累，像是快要窒息了。”

我想，她一定是彻底寒了心，才知道什么叫作“珍爱生命，远离直男癌”。

一个人若是心里有你，你根本不必讨好；若是心里压根没你，那更加不必。只有在喜欢的人也很喜欢自己的时候，才可以把姿态放低，低到满地打滚，他也会跟着你打滚。如果不是这种情况，那么姿态越低越可笑，两个人都尴尬，坐也不是，站也不是，搞不好你满地打滚的时候，人家只当你是扫地机器人。

喜欢用语言暴力打压女孩子来获取自我优越感的男人，最好离他越远越好。

什么是直男癌？

那天我去剪头发，人很多，洗完头发后，我顶着用毛巾包着的湿漉漉的头发，坐在休息区等我的 Tony 老师。旁边坐着两个男孩，看上去年纪很轻，应该是学徒。两人旁若无人地神侃。我有一句没一句地听了听，两人聊天大致内容如下：

“我呢，现在没什么本事，只能在这学学手艺。没有女孩看得上现在的我，那是她们没有眼光。我希望有个女孩能透过目前一穷二白的表象，爱上我的内涵。不然以后等我当了首席发型师，月入几万的时候，这些歪瓜裂枣我是看都懒得看一眼的。”

我听了一会儿，实在受不了，起身走开了。

所以，只会告诉女生“多喝热水”的已经算不上直男癌了，小气、啰唆、情商低、大男子主义等，这些也可以通通忽略。

真正的直男癌患者是拥有奇葩无比并且歪到太空的三观。他们活在自己的世界里，坚信自己一直是不容置疑的真理般的存在。他们带着九头牛都拉不回来的双重标准，还成天感觉自己又帅又萌，自称小哥哥。

人生就是这样，每当你觉得自己已经见识过很多种类奇葩的时候，总会又冒出几款新的再次刷新你的认知。

他们逢人就爱说自己去过哪些国家，看过什么名画，喝过什么酒，听过谁的音乐演奏会。或者对美好事物视若无睹，偏偏揪着某条让人堵心的新闻不放，高谈阔论，搞得一起吃饭的人吃得扫兴之极。

他们嘴上常挂的事，等我有钱了，男人越老越吃香，而女人老了就下架了。女孩子学习好有什么用，最后不还是要嫁人、洗衣、做饭？

他们总是给自己强加霸总人设，评价这，诋毁那。在他们看来，女孩化妆了，就肯定是为了吸引男生；女孩拎个名牌包，肯定是找了个有钱男朋友；女孩穿了短裙，就是晚上要去蹦迪；他们的工作就干事业，女孩的工作是“照顾老公和孩子”。

在他们眼里，女生基本分为两种：一种是你对我有意思？Sorry 啊，你身高不到 165 厘米，胸围只有 A 罩杯，配不上我；另一种就是，我是潜力股，你居然不喜欢我，你到底有没有品味啊？

遇上这种直男癌晚期患者，真是任凭你有多少表情包甩出来都不够用。

直男癌患者们交女朋友堪比皇帝选妃。

朴素不爱穿搭的那款呢，嫌人家普通得扔在人堆里找不到，担心以后带出去跟朋友聚会跌面儿；人美腿长的那款吧，又嫌人家乱花钱，不够贤惠持家。

再有，看见平胸的，他们嫌没料；身材好的又觉得人家花瓶没内涵；遇见学历高的，觉得人家孤傲。明明自己段位不高，还360度吐槽女孩子们。我倒是觉得，人家肤白貌美读书好，其实就是为了不必嫁给像他们这样的人。

总的来说呢，就是好看的皮囊你养不起，有趣的灵魂看不上你。

当然，我们判断一件事绝不偏心。好姑娘可能遇上直男癌晚期患者，而好男孩也同样可能遇到作女。

有些女孩子找男朋友呢，经济条件好的嫌人家年纪大；长得帅的又嫌人没存款还容易拈花惹草，没安全感；老实忠厚的，嫌人家没情趣；工作忙的嫌人不够体贴；工作清闲稳定的，嫌人家不求上进，安于现状；年轻又有钱的，担心人家富二代的少爷脾气不能宠着自己，恋爱不能是甜甜的那有什么意思呢。

这世上的好事，不会只跑到你一个人碗里去的。

你选择了清纯的女孩，就得接受她的幼稚；你选择了工作能力强的男孩子，就得接受他忙得没时间陪你；你选择了独立的女孩，就得接受她强势；你选择了懂浪漫的男孩子，就得接受他身边从不缺花花草草。

你什么都想要，最后往往得不偿失。其实，最后在爱情里过得自在又幸福的人，胃口都不大。

直男癌也好，作女症也罢，到底有救吗？

有没有救真的不好说，不过，先学着在认知上提高自己，在分寸感上把握自己。这样的话，大概等你遇见一个不想失去的人，自然也就不治而愈了。

我还是希望，你能相信爱情

我们有且仅有此生，比起失去和别离，从未拥抱更让人难过不是吗?

“你为什么不谈恋爱了？”

“因为没有一见钟情的皮囊，也没有日渐生情的耐心。”

想起我的一位高中同学，上次去北京出差，她带了一瓶红酒来酒店找我。许久不见，自然要小酌几杯。

“周末回家我碰见你爸爸了，说起你这大龄单身女青年,叔叔可是着急得直叹气呢。”我说着，把酒杯递给她。

“哎，下次再碰见我老爸，帮我搪塞一下。”

“怎么，还真打算独身主义了？”

“也不是。身边有人给介绍男孩子，我也去见过。约会、吃饭、看电影，这些必经程序都走了。

可一想到有人从此要进入我的生活，我就心神不宁的。我真心很享受一个人的生活状态，觉得现在这样挺好。”

懂，其实她说的这些，我特别懂。

我周围有很多优秀的单身姑娘，摄影、组乐队、开花店、健身、创业，她们是真的能把生活过出一朵花来的。家人健康、朋友两三，偶尔去看看世界，有自己内心的力量。好像没有另一个人，也没什么。

但问题好像也出在这里。单身久了也早就适应独来独往了，反正偌大的城市没一条路是不可以探索的，天地多辽阔，不用跟另一个观念迥异的人磨合，时间都属于自己，多自由。如果这个时候，有个人要接近你，将你从这样的状态中拉出来，你反而会觉得不自在，你会本能地排斥他进入你的世界。

相爱太麻烦了，成本高，风险大。两个人要从“你平时周末喜欢做什么”“今天天气还不错”“你喜欢吃什么”开始讲起，讲到各自有伤又痊愈的人生，讲到一脸高冷下热情的灵魂，才有可能只是有可能尝试交付真心。即便是这样，也没人能保证给你一个圆满的结局。

会寂寞吗？会。要恋爱吗？你眨眨眼，还是拒绝了。

大概累了就睡、饿了就吃、难过了就刷剧打游戏这种无须取悦任何人的舒适感，更能给你安全感，至少不会受伤。你的心上长了一层坚硬的壳，很难敲开。

不是没人喜欢你，也不是你不够优秀被迫沦为了“剩”斗士，而是你失去了爱一个人的能力。你得了一种叫作“爱无能”的病。

什么是爱无能？有个高赞的答案，说得挺直白的：

“爱无能，会对异性有心动的感觉，可真到要在一起的地步，又会害怕、抵触。会没自信，觉得自己处理不好这段感情，到头来肯定会伤害到对方，想想还是算了吧。告诉自己不要去陷得太深，还是尽早抽身而退，不敢面对。周而复始，循环往复，明知道这样不好，还是没办法克服。”

我们怎么就变成爱无能了？

也许是因为，热情燃尽了，人就本能地学会了自保。也许是因为，山珍海味吃多了，胃口就和味觉一并消失了。也许是因为，每天匆忙地度过，忘记了去发现他人的可爱之处。从前，认识一个人是缘分；如今，认识一个人是走马观花。人们不再珍视每一次相遇，也习惯了相聚与离别。一切都变得没那么重要了，所以渐渐忘了怎样去关怀和爱一个人。

我们活得太励志，活得太人模人样了，就算遇到非常喜欢的，一旦学会了担心诸如“他究竟是怎样的人”“他跟我会不会长久”“我们在一起能不能相处体面”这样的问题，那还要什么罗曼蒂克，早就被杀死了。

对于深刻的、需要相互交流的情感不感兴趣或无所适从，心里期待着爱情，却没有接纳一个人的勇气和能力。这就是爱无能。

现代人，已经不会轻易付出真心了，不是因为不喜欢了，而是相对于喜欢来说，更想好好地保护自己。已经过了那种收到一个晚安能甜蜜激动半天的时候了，也开始学会考虑以后，权衡利弊了。

一个读者给我发私信。她说，自己今年 27 岁，家里话里话外催她谈恋爱结婚，但她心里挺矛盾的。一方面知道自己应该把找男朋友、谈婚论嫁这些事提上日程。可另一方面她又有心结，总觉得自己不会谈恋爱，上学的时候并没有这门学科可以修。

前些日子认识了一个男生，各方面条件都挺好的，她对他也有一点心动，可不知道为什么，相处了一段时间之后，她突然就产生了一丝想要逃避的念头，变得沉默、话少，甚至都不想搭理对方。

“其实我挺怕的，挺怕把这段关系搞砸，挺怕未来会发生一些未知的事情，怕自己处理不好两个人的生活。我胆子小，我觉得脑子很乱，最直接解决的办法就是不开始这段感情。”

朋友圈里这样的人不少，三天两头说一个人太孤独，想要天赐小狼狗、小奶狗什么的。可真当有谁向她靠近，就像是被踩了尾巴似的，忙不迭地跳开，摇着头说“算了算了”。

说一千道一万，不是不想，是害怕。怕比对方认真，怕糊涂投入过多，他一口气松了，兵败如山倒，像拔河一样，被对方轻松拔了过去，在这段感情里就此彻底落了下风。

在这个速食恋爱的时代，全世界都在吻不同的唇，好像没有谁真的有耐心会去了解、接受和爱一个人很久。害怕经历那种从陌生到熟悉，再从熟悉到陌生的感觉，真的太疼了。

不喜欢孤独，却又害怕两个人相处，是现代年轻人的通病。

有人一朝被蛇咬十年怕井绳，小心翼翼将自己藏进坚硬的壳里，偶尔探出头来东张西望，匆匆一瞥后又缩回原地。也有人闯过千军万马，受过刀枪剑斧各种伤，白袍染血照样提枪上马，寻找下一处战场，等待下一场厮杀。

有酒就去喝，有爱就去爱

小紫和男友同居一年后，男友突然消失，带走了两人所有的存款，连家里的洗衣液都没留下。没办法，小紫连续吃了两个月的泡面。后来她去上海做广告推广，收入可观，在外语补习班认识了一位本地的男孩。两人感情倒是还好，可惜男孩的父母介意她不是本地人而勒令分手。他们分手那天，上海下了那年夏天最大的暴雨，她一个人淋着雨走回家。

可即使是这样，如今你问她，还会去爱吗？小紫仍会目光笃定地点点头，她没对爱情死心，下一次再遇到值得爱的人，她瘦小的身体里还是会爆发出去爱的力量。

有一段让我至今都印象深刻的对话。

“你相信世界上有为你而来的人吗？”

“我相信的。”

“他来了吗？”

“还没有。”

“那你为什么相信？”

“相信的话，会比较幸福。”

都说爱情这两个字很难，难在正好，正好的时间，正好的缘分，正好的相遇。其实，比正好更难的，是甘愿。

这种甘愿并不是有钱的给你物质，有时间的给你陪伴，有情调的给你浪漫，那些都不是爱情真正完整的模样，而是花心的为你专一，爱玩的为你安定，性急的为你等待，爱逃避的为你坚持，骄傲的为你谦卑。

为你去尝试不擅长的事情，为了你想去成为一个更强大、更好的人，这才是爱情最有力、最真实、最动人的样子吧。

人生太漫长了，你们不会每天都能坐在烤肉店里互相喂着食物，不会每天都能牵着手逛游乐场，不会每天都能躺在沙发里打打闹闹，不会每天都是阳光正好，微风不噪。

随着年岁的增加，一定会有越来越多对世界的妥协和对情意的珍惜。

从某种程度上讲,一场感情就像是一次驯养,会留下很多很多的“后遗症”。

你连自己也不清楚从哪一刻开始，你习惯用他的口头语，习惯看到任何美好的东西都想到他，习惯了吃他爱吃的，习惯了喝他爱喝的，习惯了爱他所爱，习惯了有他的一切。

没有任何迹象的深深陷落，习惯是太可怕的东西，不知不觉当中，这些习惯见缝插针似的慢慢渗入你生活的每一寸肌理。

于是，两个人相处时间久了，你甚至会惊讶地发现，你的眼睛竟有点像他的眼睛，他的微笑竟也有点像你的微笑，你们走路的步态渐渐变得相似，你们说话的语气也越来越像，你们爱喝同一种饮料，你们总能猜到对方下一句话是什么。

男人和女人都一样，最怕的就是为对方付出了太多的情感，分享了自己全部的秘密，对对方产生了依赖感以后，他却走了。

习惯比深爱更可怕。

可是即便如此那又怎样？在这世界上，最容易变化的是人心，但可以天荒地老的同样还是人心。

那些会令人舒服的爱情，其实也没有那么多的海誓山盟，无非就是需要温暖的时候它一直都在，需要呼吸的时候它懂得退守静候，不曾离开。

感情终究是两个人的事，所谓的轰轰烈烈也不过是在经历了很多考验和磨难之后，彼此还可以肩并着肩，手牵着手。

爱一个人的方式有108种，到最后，都是默契当中的理解与陪伴。

那些心里认为没有什么是永远，也没有什么会很久，只要愿意，找个借口，谁都可以先走的人，不妨想一想：表白失败的概率是70%，分手后复合的概率是83%，最后能走到一起的只有3%，异地恋分手概率是90%，人死亡的概率是100%，你如果什么都害怕，又什么都担心的话，那这辈子就什么也不必做了。不要看见自己爱豆离婚，听见哪个明星出轨，就说自己不相信爱情了。你想想与我们生活在一起的爸爸妈妈、爷爷奶奶、外公外婆。我们对上一代人的爱情和婚姻，难免有些品评，很多人认为长辈们的婚姻其实就是“将就型”“捆绑型”的婚姻，其之所以稳定几十年，主要靠的是伦理道德、社会环境、人际关系的种种约束，才不得不长久生活在一起。

但是，真的是这样吗？或许，在这些束缚之外，人性当中最纯良、最厚实、最柔软的那一面被无视了，而这难道不是我们恰恰最需要，也正在苦苦寻找的吗？

我们这一生中也会遇到很多人，有些来一阵子，有些来一辈子，谁都不是预言家，没有谁一开始就能猜中结局。

《大鱼海棠》里有段台词说:“我们这一生很短，我们终将会失去它，所以不妨大胆一点，爱一个人、攀一座山、追一次梦……有很多事没有答案。”

我们有且仅有此生，比起失去和别离，从未拥抱更让人难过不是吗?

想爱的时候用力爱，有酒的时候就去喝。未来的路这么长，走错几步也无妨。人生是一场接一场的未知冒险，谁也不知道，未来会发生什么。一辈子那么长，输几场没什么好惧怕的。

△ 如果你谈个恋爱，眼泪比欢笑要多，你就要停下来扪心自问一下，你到底是找了个恋人，还是找了一颗洋葱?

△ 永远都不要踮起脚尖去爱一个人，一开始就重心不稳的感情，迟早是要垮掉的。与其厚着脸皮忍着性子去取悦一个不可能的人，还不如忍痛放手，成全他也成全你自己。

△ “干得好不如嫁得好”这种毒鸡汤不要再喝了。他能照顾你，你也能帮衬他，这才是长久的爱情。你能靠自己，也能靠男人，这才是独立女性的生存法则。

△ 爱情这件事到最后拼的也许不是你的条件有多好，而是你觉得，和他在一起时的你有多好。

△ 对恋人来说，对方肯不肯先服软，比道歉的时机、方式、内容都重要。切记，别死磕。

!!!

羞羞的吸金力

你要记得两件事：一是这世上绝对存在不需要读书也很聪明，不需要努力也过得很好的人；二是那个人绝对不是你。

如果卖惨是一条捷径，谁还愿意努力呢？

卖惨，只会让人显得更惨；努力，才能让人活得体面。

前几天和一个做 HR 的朋友喝下午茶。聊起招聘季，她表示有些头疼。

她跟我分享了一份较为典型的奇葩案例，没有学历说明、求职意向，更没有工作经验及业绩，整个简历上就个人介绍那里寥寥几句话："我学历不高，从小城市来到这，一个人住几平方米的出租屋。我希望能得到一个机会。我有梦想也有信心，只要贵公司能给我这个机会。"

朋友苦笑着说："这份简历上连要应聘什么职位都没有写，我怎么给他这个机会？我可以同情他的不容易，但不能认同这种谋求机会的方式，这样对那些认真对待简历、真正有工作经验的人来说也太不公平了。而且之前公司有过习惯性卖惨的同事，真的不能再招进第二个了。”

他们公司之前有一位女同事，人美嘴甜，有很多男士愿意主动帮她分担工作。但让人没想到的是，试用期刚过，她就被辞退了。

本来呢，她是很受欢迎的，谁会不喜欢好看的姑娘呢。大家帮忙做做表格，加班给她讲讲业务。但是时间久了，大家发现她仗着美貌而不努力工作，卖惨装可怜让别人来替她做那份本该是她分内的工作，这让一起共事的同事越来越接受不了。

有次，临近下班时间，她让同组的同事帮她核对合同上有无问题，同事那天下班约了别的事情，就没有帮忙。结果第二天领导看出合同上的数据错误，批评了她，她便在午餐时对其他人大声哭诉，一副楚楚可怜的模样，说自己经验不足，又没有人愿意帮助她。

三个月试用期考核，她的综合分数最低，便又去找领导说，因为合租女孩经常很晚回家，影响她休息，第二天没精神工作等等。

可说白了，这些不过都是借口，职场需要的是不同模式的你，为了得到别人的帮助而假装卖惨，一开始可能会有用，会更快融入集体。但时间久了，大家的同情心被消耗光了，就会发现你是一个懒惰无能的人。

卖惨或许能解一时燃眉之急，却填补不了你实力空缺。过度地卖惨，只会让别人越来越烦，最后避而远之。

这个欲望爆棚的时代，每个人都想要房子、车子，想要万众瞩目，想要光环加身，唯独不想要的，是靠自己付出辛苦去争取这些。

前段时间看了某个热门综艺，整期节目有六位选手，讲到梦想时，五位都在哭哭啼啼地讲述自己悲惨的生活经历、坎坷的职场道路。本来能力尚可，可一哭起来，便让人觉得不知所措。乍一听真的让人心疼，然而仔细一想，每个人不都是这样过来的吗?

想起大学时候有一件类似的事情，班长和同学小琪成绩同样优秀，只是大家都知道班长的家境优渥。在奖学金投票那天，班长站在讲台上简单报了下自己的学习成绩便下了台，而小琪站在台上整整讲了十分钟，哭诉了自己家中父母体弱，还有弟弟妹妹在念书。最后班长票数更多，却有同学去宿舍找班长，让她把奖学金让给小琪，被班长果断拒绝:“这是奖学金不是补助金，我总分数确实比她高，我凭实力拿到的奖学金，为什么要让出去？”

当时还有很多“家里条件那么好,还在意几千块”“真是没有同情心，小琪明明更需要奖学金”等言论。

我们被“谁弱谁有理”的道理洗脑太久了。如果你不帮助穷人，你的财富就是罪恶；如果公车上有老人站着，你不让座你就是十恶不赦;“卖惨人设”遇上“道德卫士”有时候真的让人有理也说不清。

如今用卖惨来营销自己的人太多了，可靠别人的同情心来获取支持,这样的道路,不会走得太久。**如果卖惨是一条捷径,可怜能赢得荣誉,**

那谁还会去努力呢?

我在微博上看到这样一段话:“凌晨两点的街道上，忙碌了一天的烧烤摊小老板才刚刚下班;气派的写字楼里，有人还在赶明天开会要用的方案;你朋友圈里衣着光鲜的同学，也许就住在只有20平方米的出租房里。”

成年人世界里真相就是:不是在这里苦，就是在那里苦。

不要把自己最脆弱和不堪的一面暴露在外，我们这一路斩妖除魔，最不能缺的一件装备就是坚强，这就是这个世界教会我们的，虽然无奈但却能让人真正地成长。

卖惨，只会让人显得更惨;努力，才能让人活得体面。

人生很多时候不是故事，而是一个个事故

简溪刚刚进入实习的第二个月，母亲和姐姐因为车祸离世。她请了三天的丧假，处理了家里的事，把年迈的父亲接到自己身边同住。上班后依旧认认真真做好手头的工作，虽然经常看她眼睛红红的，午餐吃得也不多，一个人总是在天台发呆，却没在工作时间里流露出一点悲伤的情绪。

有次因为少复印了一份文件而被部门老大当众责骂。有同事想把简溪家里的情况告诉老大，却被简溪拦下了。她使劲憋着眼泪，事后，冷静地翻出粉饼和口红一边补妆一边说：“我家里的事与工作无关，是我的疏忽导致了工作的纰漏，这是两码事。”

那段时间，简溪在深夜发过一条朋友圈：生活已经一团糟了，我不能让工作也沦陷。

后来，简溪顺利转正；如今，成了公司最年轻的大区经理。身边总有人说她运气好，可我们知道，她才不是靠运气，她对痛苦的忍耐力和清醒程度，是很多人不可企及的。

在最难过的日子里，她没有卖惨，更没有以自己的不幸来为自己做挡箭牌。简溪明白，不管自己是哭天抢地还是痛苦堕落，已经发生的事就是发生了。难的是要逼着自己走出这段黑暗，并不放纵自己陷入更深的黑暗。只有这样，生活才能一点点好起来。

何况，同情心是一种很微妙的情绪。别人的怜悯从来就没有真正的疗愈作用，还难免带着少许嫌弃的敷衍。破碎的生活，还是要靠我们自己一片片拾起拼凑。

之前有过一个流行词，叫“空巢青年”，指那些生活在大城市，离开家乡，与父母及亲人分居，单身、独居的社会新群体。

于是，在这个词条下，掀起了一片哀鸣。大家纷纷表示独自一个人在大城市打拼有多么辛苦，出租房的条件有多差，每天早晚高峰有多拥挤……

可你有没有发现，运势永远是动态的，是有周期性可言的。顶峰未必人人都登上去过，但低潮谁都会蹚过。如果不被网友的情绪带入，你冷静想想，没有谁的人生能完全在红地毯上走过，学业受挫，职场碰壁，爱情受伤，四面楚歌才是常态吧。

在艰难中行走，是大多数人的命运。年轻一代辛苦是真的，但不要轻易卖惨也是真的。

这个世界上不只你一个人有低谷期的。每个人都有自身的局限，都会被迫经受不同的挫折和伤痛。

命运总是变着法子去考验一个人，它会挑一个人生的关键期，把你丢在一个冰冷的氧气稀薄的地方，让你不得不拼命地大口大口呼吸。绝望的感觉充斥着每一根神经，不哭也不想倾诉，好像脑子生了锈，手脚罢了工。可是生活又有什么胜利可言，不过是挺住面对着一切。所有的成长，都很痛。因为成长注定是一场自我的摸爬滚打。

人生很多时候不是故事，而是一个个的事故。不过命运大多如此，但如果这样都没有弄死你，那它就会把你带到更暖更明亮的地方去。

职场没有『女士优先』

如果你的人生不能逆袭，如果你不给自己逆袭的机会，那么你顶多只是灰，而不是灰姑娘。

在职场里摸爬滚打了三年的表妹突然发了一条朋友圈：职场没有性别区分，只有能力的强弱。适者生存，不适者滚蛋。

当然，她的这条朋友圈是屏蔽了领导和同事的。

刚刚工作的时候，表妹心里总觉得自己是个女孩子，又初入职场，在公司肯定会受到前辈们照顾的，可事实并非如此。

加班、出差、谈合作、收拾闲置物送到废品收购站等，都没落下过她。当时表妹心里满满的都是意见，她不明白这些吃力不讨好的活为什么不让男生去做啊？

偶尔工作上出现失误，领导对她的批评也是

不留余地的："能不能做，不能做换别人！"

这份工作当初可是过了层层考核才争取到的，怎么能说辞就辞。她只好眼睛里含着泪水说："能！今天就改好！"

大概就是在那一次之后，表妹明白了"职场小白""女性身份"，并不能在职场里为她带来优待。在这里，她和男孩子一样，一样要努力，一样要认真，一样要对自己的工作全力以赴并负责到底。

职场是一场漫长、残酷又孤独的战役。只要你不够努力，能力不足，同事会疏远你，老板会不重视你，客户会嫌弃你，奖金会远离你，而这与你的性别、年龄都没有关系。至于升职？更是想都不要想了。

命运的馈赠或残忍，从来都藏在自己的手里。

除了表妹的三年职场感悟，我也发现职场规律：好看的脸蛋是武器，但最后关头还是实力博弈。

部门小希工作积极，在公司几个重要的项目里都表现出色，主管注意到小希外形突出，便开始把一些公关活动交给她来做，想着美女的作用力能更有效地为公司积累到人脉。

这份工作刚开始做的时候看似很容易，不过就是多参加一些社交活动，对本就外形甜美的小希来说更是如鱼得水，轻松地与各个领域的大咖都互留了联系方式。

可真当公司有需要的时候，这些微信、电话却统统冷漠回应。

平日关系维护没少做，怎么到了关键时刻却没人愿意出手帮忙呢？战略合作失败，主管被公司领导通报批评后，我们也通过这件事得出了结论：证明一个人拥有人脉，并不是靠朋友圈里有多少和牛人的合影来彰显的，而是当你遇到问题时，有多少人愿意帮你；决定你朋友圈层次的，不是你和谁握手拿到名片，而是你自己有多少本事。人脉不在别人身上，而藏在你自己身上，唯有你变得厉害，才能交到厉害的朋友。

小希说：“自打接下这个职务后，每个周末都在忙于社交，根本没静下心来进修和提升自己。核心能力没有精进，认识了再多人又怎么样呢？他们谈的内容我没法快速理解，他们问的问题我无法十分有条理地回答，不在一个水平线的高度，注定无法形成一次势均力敌的对话。”

如果自己不是跟大神一个水平，他手上的资源不会因为跟你吃过几次饭，碰过几次杯就流到你那里。

你可能会因为漂亮的脸蛋接触到很多的人，却不能因为脸蛋而真正获得有效资源。你总不能说，因为自己是一只美丽的羚羊，就有资格在草原上畅快奔跑吧。你还得问问狮子和狼，会不会因为你皮毛美丽，就允许你肆意在它们面前旋转跳跃，还保证不吃掉你。

圈子是等级森严的，所谓有效的社交一定是资源对称，能等价交换，

彼此能愉快交流，看到利益前景，有来有往，否则等待你的只是无效社交。

只有当你真正变优秀了，跟那些牛人同一个层次，你的社交才能真正有效。不然你那不叫人脉，叫通信录。

你没有功劳，凭什么谈苦劳？

> 你不快乐的原因，是既无法忍受目前的状态，又没能力改变这一切。可以像猪一样懒，却无法像猪一样懒得心安理得。

前几天在同学群里，看到有人抱怨老板对他不好。

怎么个不好呢？

原来是他毕业后一直在这家公司工作，可眼看着年纪更小的学弟学妹们进入职场，可老板还是没有想提拔他做项目负责人的意思。他每天还要和 90 后一起上下班打卡，出差只能报销二等座高铁。

他说自己也算兢兢业业，勤勤恳恳工作了五年，没有功劳也有苦劳吧。他发了大段大段的文字，却没有一句在说自己这些年做出过哪些成绩。群里久久没有人接话，我也默默退出了群聊。

这个社会是很现实的，只有功劳才会产生价

值，苦劳如果没能转化为功劳，那它就白白浪费了时间不是吗？

上学时，我们对优秀学生的评价标准是什么？至少要有一项成绩是名列前茅的吧。你说你刻苦，你说你尊师重道，最后成绩平平，奖学金还是不会给你啊。上班后，你每天七点半就到公司打卡，看似工作了一整天，晚上下班后吃个饭还在家里继续加班。你是很辛苦，月底的时候，你没有业绩，也没有维护住客户，这苦劳的价值又在哪里呢？

这是一个以成果论成败的时代，更是以成果来检验一切的时代。

职场不是存钱罐，20岁拼命往里塞，30岁开始躺着花。20岁有20岁的努力，30岁有30岁的勤奋，你不能30岁的时候邀20岁的功，因为在职场，没有人会给你的资历买单。

如果你过去29年没有努力，那30岁的时候也不会有奇迹。职场里，没有应该升职的年纪，只有配不配升职的人。你没有功劳，凭什么谈苦劳？

如今，职场里流行“勤奋病人”。

他们喜欢用勤奋吃苦来标榜自己在工作上的付出。

比如，大家都是按时上下班，按时完成当天任务量，而“勤奋病人”却把工作时间拉得很长，上班比别人早，下班比别人晚，熬夜加班也是常事，周末当然也要“忙一忙”工作。这病的病根在于，他们沉迷于自己长时间无效的勤奋，却不注重勤奋本身所带来的价值。

能说出“我已经很努力”“我也很不容易”这种话的人，无非是心里明镜似的知道看得见的成果拿不出来，只好拿隐形的苦劳来充数，不过是“此地无银三百两”。

勤奋、努力这样凡俗却带着厚重感的褒义词，最好还是留给你身边的人去评价，而不是把它们当成标签、奖章自己贴在自己身上。就像别人夸你美，那才是真的美。

年纪小一点的时候，我们总觉得这个世界不够好，配不上自己。自己有无限活力，无坚不摧，可以去试错，可以去创造。可是慢慢地才发现，是我们弄错了，这世界有太多你不知道和做不到的，是我们努力的程度，远远配不上自己想要的世界。

不论男女，每个人的强大和手里的筹码，都是在用青春和酣睡去换取的。青春终将老去，有的人成为自己喜欢的样子，而有的人，已面目全非。

有人说：职场是我们每个人作为一个独立的个体进行社会性实践的重要场所，无论你是菜鸟还是老手，只要身处职场就一定会遇到各种各样的压力和挫折。就算心思再缜密的人也总会有百密一疏的时候，更何况是刚刚步入职场不久的新人，虽然各种职场剧中都会飙出类似于“机会只有一次，失误无法弥补”的情节，但是在现实生活中，每个人的职业生涯都十分漫长，面对眼前的失误，如何从失败中吸取教训，找到失误真正发生的原因，才是决定你未来能走多远的关键因素。

可以说，职场是个江湖，挑战无处不在。今日可能春风得意，明日可能一落千丈。没有人一出生就懂得职场生存法则的，能够胜出的诀窍不过就是“工作虐我千万遍，我待工作如初恋”的态度。

我也有被工作虐得体无完肤的时候，辞职念头在大脑里翻江倒海，真想当下狠狠拍下桌子：“老子不干了！”不过这只是想想，其实每一次我都忍下来了，并且最终渡过了当时的难关。我们部门的职场老油条称辞职这件事：不过就是从一种困难，换成了另一种困难。事实上，我们似乎根本找不到一份真正完美的工作。

虽然现实生活中并没有那么多随时随地都元气满满的人，但总还是有双商在线的人，努力又正能量地活着。哪有人是不受挫的，我们遇到的棘手的问题，那些厉害的人也曾遇到过。

不要高估自己的能力，也不要暗戳戳地给自己加优待，当你的实际水平达不到你的期待时，不仅工作中会出问题，也会阻碍你自我提升的步伐。要正确认识自己，清楚自己优势与短板，精进擅长的能力，弥补欠缺的能力，才能成为一个综合实力强劲的选手。

加缪曾说过，即使在严冬里，心底也要有一个不可战胜的夏天。

那些无论在职场里遇到什么样的问题，都咬牙坚持着并时刻提高自己的人，真的太酷了。

如果你的生活一直毫无起色，可能是打开的方式不对

> 很多时候，生活就是这样，你给它机会，它才会给你风景。

毕业那年，小柯应聘到一家杂志社做文编，被分在饮食养生组。上学的时候，小柯就向往坐在明亮办公室里的上班族，被咖啡香围绕，读读写写，时不时动动手中的笔，文艺优雅。直到做了这一行才知道，编辑是一个需要耐得住寂寞的工作。虽说小柯工作起来并不含糊，调研做了一个又一个，也经常向同事请教，可是对于饮食这个栏目，小柯内心其实并没有多少兴趣。栏目内容没有进步，杂志销售量迟迟上不去。老板自然没有好脸色，小柯心里急，却又使不出力气。

一年后，小柯被辞退了。那时候她感觉自己的运气真的差透了，心里反复想着：不是说只要努力，没有做不成的事吗？难道都是骗人的吗？

她不甘心收拾行李回老家，可在这偌大的都市里又感觉很无助。她向好友打电话，却迷茫如常，丧到极致。

想把生活过成喜欢的样子不是一件容易的事，也不是多背几句鸡汤就能做到。逆着自己的喜好、性格做事，只能增加自己的挫败感，甚至习得性无助，自设藩篱，止步不前。

工作就像谈恋爱，气场不合别硬来。

小柯其实是一位口红收藏爱好者，也喜欢研究彩妆。大学的时候，常常有其他寝室的女生跑来找她帮忙化妆，桃花妆、约会妆、女神妆，小柯特别有这方面的天赋，照着图片就能把妆化得有模有样。

如今各大社区平台大热，她便也注册了社区分享平台，将自己所使用的每一样彩妆都写了笔记，包括化妆教程、护肤心得等，公开分享。起初浏览量少得可怜，关注的粉丝也都是自己的好友过来捧捧场罢了。

可自从丢了工作后，小柯不知怎么反倒如释重负，面对自己的美妆账号，突然也多了很多想法。她参考了很多美妆博主的帖子，琢磨着将自己的每一件彩妆都拍出带有风格的照片，先以图片来吸引网友。大部分阅读者都是女孩子，她就在文字上增加亲近感，或者录视频，更直观地分享，拉近与粉丝之间的距离。

哪怕是小小的成绩，也不可能是一蹴而就的。小柯的美妆号从无人问津，到少量留言转发，再到今天成为坐拥万级粉丝的美妆大号，还接起了广告。

如果你的人生一直毫无起色，可能是打开的方式不对。与其抱怨世界残酷，生活不温柔，不如找到那个你最有可能突破的点。

没有人告诉我们生活的真实模样，我们在拼拼凑凑来的价值观里寻找人生。有时弄丢自己，有时弄丢梦想，有时弄丢生活。我们都渴望美好的人生，现实却总是甩来一记响亮的耳光。

比起事业有成、爱情顺利，或许沮丧和失意有时才是人生常态。

我们读了那么多书，内心却依然脆弱得不堪一击。我们疯狂地依赖正能量和鸡汤，但一觉醒来，依然是丧丧的自己。我们都知道要坚强勇敢闯世界，但经常被旁人的一句话就打碎了玻璃心。

勇气这东西很微妙，它可以一辈子沉睡在你的心里，好像不曾拥有过它，也可以改变你的命运，成为你一路披荆斩棘的最佳拍档。

不做挣扎的人生太过于可怕，由于对人生的无法预见，让我们胆怯，不敢选择。而当这条路终于被我们走出来的时候，你才会发现，很多事情根本没有想象中的那么艰难。

不给自己设限，去尝试那些陌生的、新鲜的又何妨呢？高山，若总不去攀登，那就永远只能是高山，终生仰望，若征服过，便成为你脚下的一方尘土。

很多时候，生活就是这样，你给它机会，它才会给你风景。

“人这一生最酷的状态，不是一夜暴富或嫁入豪门，而是敢于摆脱别人的期待，找到真正的自己。”

我第一次见到文子是在北京，冬日午后的阳光透过咖啡厅的落地玻璃窗照进来，映着文子充满笑意的脸上，一瞬间，仿佛整间咖啡厅都暖洋洋的。他整个人裹在一件黑色大衣里面，小眼睛藏在黑框眼镜后面，即使他没笑，也觉得他在笑。天生笑眼，为他平添几分亲和力。

我们相识才两年时间，却已然把对方当成老友。我总相信，茫茫人海中有一个巨大的磁场，会把性格相似、理念相同的人吸引到一起。

我们最大的共同点或许还在于我们都是平凡人，可我们都找到了自己的梦想，并且愿意为了这个梦想不顾一切竭尽全力。

文子年少时痴迷写作，他尝试着投稿到杂志社，却不断被退回来。但他并没因此放弃，继续笔耕不辍，后来他的稿子发表了，在杂志上有了固定专栏，再后来他出书了。我也有过类似经历，能体会那种从得不到认可到默默坚持再到终于实现梦想的感动。

文子说：“我不愿花时间和精力记录过多的遗憾，因为只有好的东西才值得留在我的记忆里。”我也是这样的，除了写一些有启发意义的挫折经历，大多数时候我都是在记录生活中的美好。我认为，记录的美好多了，心里自然就溢满阳光。

世人大都是普通人，大部分普通人都信步漫行在庸常的人生中，习惯在周遭旁人林林总总的故事中扮演路人甲。

每份看似漫不经心成功的背后，都是深思熟虑的用力和内心的坚持与隐忍。

许多人都曾是生活的抱怨者，抱怨自己不够漂亮，觉得那些天生丽质的人生来好命，抱怨个子太矮，一胖又毁了所有。又觉得家境不够富有，否则哪还需要每天起早贪黑地工作，早就可以去做任何自己喜欢的事了。

然而，不是所有的丑陋、失败、穷困都可以归罪于命运的，这其中更多的是我们自己不努力的结果，那些在自己领域有着小小成就的人，他们只是知道自己想要什么，并选择为之负重前行。而那些碌碌无为却抱怨不得老天怜爱的人呢，不过是他自己选择了安逸罢了。

想起《七月与安生》电影里的一句话："过得折腾一点，不一定不幸福，就是太辛苦了。但其实，不管走哪条路，都是辛苦的。"

没人能保障你循规蹈矩就能一辈子活得安稳没有难题，那不如赤手空拳趁早把生活折腾成你想要的样子。

当你把时间、心思和注意力放在自己向往的事情上，为自己的生活真的积极起来了，就像是在心海里装了一根定海神针。无论外面怎样惊涛骇浪，乌烟瘴气，你都能向着自己心中的愿景，按照自己的节奏，持续地去行动，去坚持，接近目标。

做你内心真正喜欢的事，即便是短暂的失败，你也会凭着心底的热爱，将自己从“丧气”的生活中打捞起来。

命运不值得抱怨，也不要一味地仰望别人的成功，学会直面自己想要的东西。

人生越到后面，改变越难。在仍可选择“试一试”的时候，勇敢一次。

朗达·拜恩在《秘密》中说过：“越去使用你的内在力量，就越会引出更多的力量。”

如果你想知道生活给你的答案是什么，那么，不到谜底揭晓的一天，绝不要放弃自己。继续努力下去，总会有人在收获的秋天发现你这颗可爱的果实。

你不是时运不济，只是不够上进

人生就是一场物竞天择的大逃杀，它无关你所在的城市和你如今所处的位置，能决定一个成年人人生走向的，是独立的价值观念、一点狠劲和一点不甘心。

秋秋是个很有才华的姑娘，大学毕业后她顺利进入了一家实力不错的广告设计公司做助理，实习期转正后就拿到了比同龄人高出一截的薪水。在这个毕业就失业的时代，秋秋的经历不知让多少同龄人羡慕不已。可好景不长，半年后，秋秋被解雇了。

由于前期秋秋的几次提案都创意满满，领导看重秋秋的能力，将一个很重要的项目交给了她，并叮嘱她一定要认真完成。但事与愿违，秋秋辜负了这份信任。刚刚转正就被提拔的秋秋开始不自觉地膨胀起来，之前专注工作的她，开始注重起“OL必备的精致妆容与时尚穿搭”，每天刷各种社区帖子，与其他同事间的谈话不再是创意想法，而是大牌美妆的使用心得，基本忘了身负重任的秋秋，在临近deadline的时候，仓促地做了一份设计提案，合作方要求的几处重点在设计中也没有得以体现。

这一次的不用心，导致公司失去了与对方合作的机会，而且这件事让整个组的同事都受到了批评，领导下令要严厉对待此事，秋秋自然要承担最大的责任。

丢了工作的秋秋觉得自己很委屈，带着哭腔对朋友说："领导交给我这个任务的时候，是我转正后的第二个月。你们不知道，我在实习期的时候有多么用心，因此耗费了太多精力，我真的觉得很累，想让自己轻松一下。我没想到结果会这么严重啊！"

离开了这家公司，秋秋换了另一家公司。但她的上进心似乎随着她上一份工作一起离开了她。工作的时候经常发发呆，刷刷帖子，或者跟朋友在网上没完没了地聊八卦。工作效率越来越低，做出的设计没新意没亮点，慢慢沦为了公司里非常鸡肋的职员。

秋秋并不是个只知道混日子的姑娘，不然当初也不会从几百名实习生里脱颖而出。只是当命运为她敞开大门的时候，她自己却自作主张给自己放了长假。她还不懂，对大多数的平凡人来说，停滞并非留在原地，而是意味着退步。

生活中哪有那么多太累、太难，你把生活过得乱七八糟毫无色彩，

根本无关时运不济，只是你累点太低又不够上进。

我们每个人都知道，每天被老板钉在办公桌前八小时是什么滋味。

但其实有时候，工作上的很多事并不是“做不完”，而是“不想做”。

为什么不想做呢？还不是因为懒，因为充满了难以抗拒的诱惑，先把眼前的快乐享受了再说，于是习惯性地拖着，在编辑文档的时候偷瞥一下今日头条新闻，或者做 PPT 的时候偷偷网购一条裙子，这里玩玩那里摸摸，大半天时间不知不觉就过去了。该完成的任务像一把刀，慢慢逼近了自己的脖子。发现本该正常完成工作的时间都被荒废掉了。于是又开始痛苦和自责起来：“如果我早点开始做，就不会像现在这样难过了。”

然而下一次在同样的情况下，我们又轻易地放过了自己，得过且过，浑浑噩噩。

因为拖延，我们敷衍地完成过作业、论文、工作，如果这样养成了习惯，连人生都是匆匆忙忙粗制滥造出来的，那就真的太可惜了。

只有你才是自己的堡垒

我认识小七的时候，她才读大一。

大部分的同学刚进大学时，都在庆祝自己刚刚逃脱了高中的牢笼，享受着无人管束的自由。可小七不是，不仅加入学生会和广播站，高中的时候英文就是她的短板，考虑到英语的重要性，她便在校外报了班恶补英文。

她问我最多的话就是："学姐，我该怎么办？"我明白她的焦虑。

我们这些城镇女孩，带着满心欢喜和憧憬走进大学，却发现这个世界不仅和我们想象的不一样，而且离我们很远。我们普通、自卑，甚至懦弱。别人说起出国旅行的情形，自己根本插不上嘴。

长她几岁的我并没有太多有价值又切实可行的经验分享给她，于是只好跟她说："如果不知道该怎么办，那就多读书，多实践，多去弥补自己的不足。千万千万，别放弃努力这件事。"

于是，小七在室友都还没起床的时候，就抱着书去操场跑步，利用吃早餐的时间晨记英文单词。并且一直坚持参加英语角的活动，大胆地用蹩脚的口语同留学生交流。

为了克服性格上的怯懦，她逼着自己参加演讲比赛。在体育课休息的空隙，她站在前面表示希望大家可以听她的演讲。虽然很多人表示不理解，却也一次次见证了她从声音发抖到从容自信。后来她在几次演讲比赛中都拿过不错的名次。

小七毕业那年，她把简历发给我，希望我给她提点意见。我看着她的在校经历，真是丰富得让我这个当学姐的自愧不如：广播站记者、社团团长、外企实习、四六级高分成绩，还有对外交换学习经历，以及演讲比赛证书。

她的选择简直太多了。

“学姐，我正在准备雅思，希望明年顺利考入悉尼大学读研究生。”

本来以为小七会选择留在那家很不错的外企，或是申请本校研究生，她的决定我是真的没想到。

“果然我们小七还是很拼的啊！”

小七隔了好一会儿回道：

“没办法，老天没有给我衣食无忧的生活环境，也没有给我聪慧过人的大脑，可我就是喜欢踮踮脚才能够到的生活，我想靠自己去拼一拼、试一试，哪怕只有万分之一的可能，我也不想让自己日后后悔。”

隔着电脑屏幕，我也可以感受到如今的小七再也不是当年那个怯懦的小学妹，她在时间里为自己储备了实力，并且知道自己要去哪里，要做什么，要成为什么样的人。

认识小七的人只会轻巧地说一声“她变得更好了”，却不知道她为了“变得更好”付出了多少旁人无法体会的努力。从自卑到坦然接受，再到为自己建立自信。

很多人说寒门难出贵子，小七也知道很难很难，可幸好她从来没放弃，她骨子里的上进，不允许她放弃。

刚到悉尼的小七，因为时差原因，我们无法随时联系，便保持着形式感十足的邮件往来。小七经常在邮件里附上她最新拍到的美景，让我最感慨的是那张夕阳下的海港大桥，因为小七的那段话："学姐你看，这就是悉尼的海港大桥，它真的好美，比我第一次在电影里看到的还要美，美到我每次来看它，都觉得当初的一切都值得。"

你今天的一切，是由你五年前甚至十年前的选择决定的。你现在的努力和准备，都是一种积淀和积累，将来在某个特殊时间点到来时，能助你爆发出强大的力量。

能决定一个成年人人生走向的，除了家世背景和百年一遇的运气，最重要的是一个人独立的价值观、对自己的高要求和对生活的不甘心。

人生就是越长大越难，觉得自己是被命运的沙漏漏下去的那几颗，惶然无力地躺在瓶底，微渺且绝望。深知自己作为沙粒，要借助风才能有飞扬的可能。可等不到风的时候，也依旧要寻找能够让自己"翻身"的机会不是吗？

在好运降临前，只能告诫自己再努力一点，毕竟改变自己现状的期待不能一直绑在别人身上，因为别人也有自己的事情要做，只有你才是自己的堡垒。

二十几岁时努力，三十几岁时才不会焦虑

> 没有什么比人到中年却被淘汰的感觉更凄楚，既没有重新来过的年纪，亦没有冲破桎梏的财力，连自己都是不可靠的。

我毕业第一年参加工作的时候，公司一个老员工张哥犯了低级错误，出货数量有偏差，而且库存数量也是搞得一塌糊涂，导致我们不能按照合同上的日期按时发货，要重新清点。领导大发雷霆，气得在办公室里拍桌子，并扣了张哥半年奖金。

张哥自知这次是自己理亏，可心里不服气。下班在电梯里，和其他同事嘟囔了几句："谁不会犯错，我也不是有心的，再说我们库存量那么大，偶尔清点有误至于这样吗？"大家面色尴尬，谁也没说什么，到了一楼都匆匆走出电梯。

第二天午餐的时候，我听同组的人聊起这件事儿说："领导照顾张哥是老员工才没有辞退他，

换作别人可不会只是扣奖金这么简单的事儿了。扣奖金的处罚其实不算重啦，刚进公司的年轻人犯了这样的错误，也要承担责任不是吗？大家不会因为他年纪轻就原谅他，同样，换成经验颇丰的老员工，犯了错误凭什么就要担待，要包容呢？年龄长了，头脑和见识却没跟着周全，是件挺可怕的事儿。”

后来，在一起共事的时间里，我发现这位老员工经常在工作时间拿手机看小说，工作进度到他那里一定卡壳，不是说“我不知道啊”，就是说“谁会谁过来帮忙弄一下”。哪里出了差错就第一时间推给下面的人，和他一起合作的同事个个表示无奈。

我从那家公司离职之后跟前同事们的联络也越来越少了。直到上周早上，我出门晚了，抄近路去地铁站，竟然在停车场口碰见了张哥。几番确认，我确定自己没瞎。张哥穿着保安的工作服，在为业主刷卡开门。再次见面，着实有点尴尬。早上急着上班，时间又很紧，我们互相看了眼对方，点点头就过去了。晚上下班的时候，我在门口和他聊了几句。

“张哥，你怎么……”

“嗨，你也应该知道现在各个行业都不景气，公司裁员，我们这些老家伙走了不少。”

“那怎么没换家公司继续做发行呢？”

“也想，之前在公司过得太轻松了，也没学到什么新东西。现在市场部招聘都愿意找刚刚大学毕业的小伙子们，我这个年纪，只有这个岗位愿意要我。”他低下头拽了拽自己的工作服，微笑着跟业主打招呼，又回过头看看我，接着说了一句：“生存难啊！”

我知道那么多鼓舞人心的励志正能量段子，写过那么多篇安抚人心的鸡汤软文，但那一刻我找不出任何一句话，可以填补他这个年纪里的可怕的空洞和苍白，那空洞来自他二十几岁时的安逸。他曾经以为，这安逸轻松的日子能一直延续不被打断，却忘了比他年轻、比他有活力、比他有创意的年轻人在每一年毕业季都会大批涌向社会。他们没有房贷的压力，父母也还不需要他们赡养，加班熬夜一杯咖啡就能顶住，第二天依然神采奕奕来上班，他们好像有用不完的劲儿，耗不完的热情。

我毕业那年，是公司里年纪最小的。可一晃四五年的时间，我已经变成了00后眼里的老阿姨。

时间多狡猾，它让我们误以为未来那么远，要活在当下，及时行乐才对。可混着混着，直到有一天，一低头发现，日子突然混不下去了。有什么比人到中年却被抛弃的感觉更凄楚，这时候如果你没有足够的实力，连自己都是不可靠的。

之后，我基本不走那条近路，不想他尴尬，也不知道每天早出晚归面对这位前同事时，说些什么才合适。

总有人说职场无情，社会残酷，其实它只是在改变、在进步，而你跟不上它的脚步时，自然会被淘汰。

人生就是一场物竞天择的大逃杀，它无关你所在的城市和你如今所处的位置，别人都进化了，你即使什么都没做，还是分分钟在落后。

太多心灵鸡汤告诉我们“你想要的岁月都会给你”，可它没告诉你“你想要的，岁月凭什么给你”。成功学一遍遍讲着福布斯榜那些人的丰功伟绩，告诉你成功的人那么多，你也可以是其中一个。可现实里，失败的人更多，多到数都数不过来，多到像菜市场的香菜叶，所以你怎么肯定，那个在温泉水里无所事事的自己，不是那个失败的炮灰？

从前我们总觉得是这个世界欠修理，后来才发现，其实欠修理的是我们自己。

时间不仅卷走了你脸上的胶原蛋白，还顺便给你的腰间贴了几圈肥肉，世界对你越来越小气，规则对你越来越严苛。想到30岁后还得去招聘会跟年轻人抢饭碗，我不相信你心里不会颤抖。

电影《这个杀手不太冷》里有段经典台词。

小女孩问杀手里昂：“生活是永远艰辛，还是仅仅童年才如此？”

里昂回答：“总是如此。”

努力不一定会赢，为什么还要努力？

私下和一位读者见过面，她说：“生活的暴击总是抱团袭来，有时候真想就此瘫在那里算了，等生活有了起色，我再爬起来继续跑。”

我笑笑：“别傻了，放下只能是一时痛快，躲不过来日方长的。”

我刚进入这个行业的时候，要花一整天的时间才能写出一篇像样点的文章，偶尔状态欠佳，一天只写出2000字的时候，我都会在心里责怪自己。身边朋友都说让我去考公务员，考教师，踏踏实实工作，下班后逛逛街、刷刷微博不挺好的，干吗把自己折腾得那么累啊。

那时候，正处于写作瓶颈期的我，每天都感到自己快要窒息了。听了朋友的劝说后，更觉得是时候该给自己放个小长假了。于是，我第二天就和小姐妹们一起订了去美娜多[1]的机票，带上几件裙装和防晒霜就走了，为了放松，索性连电脑都没带。

出去之后真是彻底放飞自我，每天不是阳光沙滩拍照片，就是潜水游玩吃海鲜，晚上回到酒店，舒舒服服洗个澡，跟爸妈报个平安，开始修图、上传、等待点赞。睡前追两集齁甜齁甜的韩剧，然后美滋滋地睡着。

[1] 美娜多，也叫作万鸦老，印度尼西亚北苏拉威西省首府，濒临苏拉威西海，是苏拉威西岛的第二大城市，为群山所环绕，素以海岸美景著称。——编者注

玩儿了小半个月，我觉得自己放松得不错，能量应该恢复满格的时候，拿起电脑，发现自己反反复复敲不出一行字，之前长期的坚持只因短暂的中断，灵感好像彻底消磨殆尽了。

活在舒适圈里，不问世事，不接尘土，永远风和日丽，当然快活。但这却是一种可怕的蒙蔽。就像那句话说的，堕落本身并不致命，但它所衍生的懈怠、消沉和自我厌弃，却是生活真正的杀手。

回来之后的我，心里特别慌，像是被人猛推一把的不倒翁，要四面八方地前倾，试探，重新寻回立足的力量。我拒绝了朋友邀请的各种饭局，增加每天的写稿量，每天除了睡觉、跑步、吃饭就是写文，满脑子都是：怎么才能追回自己落下的那一大截？

但除了要更努力地追赶，似乎也别无他法。

好在从最开始的收入平平，慢慢地约稿谈合作的机会开始逐渐增多。直到现在，回想起那段放松自己的日子，我都觉得直冒冷汗。

生活的安排不是无缘无故的，你觉得此刻的苦难难以抵挡，是因为自己的能力不够，选择咬紧牙关坚持下去，正是你锻炼自己的过程。

当你在一段时间里积累了足够的经验和能力后，依然不松懈自己努力提升迈进下一个关卡，才是人生的正确选择。

20岁出头的你，现在在干什么？随便糊弄完老板交代的工作，便开始追剧打游戏？因为一份不稳定的感情关系每天矫情哀怨？还是平平常常当一个及格的职场小透明?

太多的人抱怨“挣的没有花的多”，也有太多的人不满“社会对年轻人过于苛刻”，可是却少有人愿意静下心来踏踏实实为自己一点点地储备能量。

这社会让人举步维艰我不否认，面临多重选择的时候，二十几岁的我们看起来简直弱爆了。我们多数人没有权利为自己选择更好的路，只能等着别人来对自己挑挑拣拣。努力了也不见得一定行，但不努力就意味着，之后漫长人生里你要无数次的忍气吞声、忍痛割爱、求而不得。与其等着被挑选被嫌弃，不如我们先努力让自己多一点底气，反正怎么想都是难过的，不如在焦虑和迷茫的海浪拍过来之前就先跑起来。

二十几岁的我们应该拥有一样支撑我们行走于江湖的东西，这东西不只是善良、坚强、勇敢这种人性品质。

它应该是一种只属于你的、无价的内在能力，是你在成长的每一天里，不断为自己修炼出的特长，它让你和别人不一样，它让你引以为豪。

未来也好，远方也罢，我们人生最重要的事，不是幻想着有个王子骑着白马来拯救我们，或者有一个冰雪聪明的公主来安抚你的心，而是拥有一样你可以拿得出手的东西，才不会看上去一无所有。

芥川龙之介说过："我们谁都不可能完好无缺地走出人生的竞技场。"

每个年龄都有每个年龄相匹配的烦恼，无一例外。

烦恼大概只有三个原因：要么不够美，要么不够强，要么钱包不够鼓。

不够美就去健身护肤，不够强就横下心多看多学，财务不自由就去把能力换作金钱。努力缩短这段距离，总好过在迷茫和焦虑里撕扯自己。

这让我想起我朋友圈里的姑娘们，有一半是事业型女性。我们要面对的烦恼，对她们来说一样都不少。除了偶尔几次情绪不好发发牢骚，大部分晒的都是自己的行程表和工作日常。王小姐在为下一季度的工作计划加班到晚上11点；姜小姐穿着八厘米的高跟鞋接待客户，介绍产品信息一整天；高小姐批改学生的作业到深夜，还要准备第二天讲课的PPT。

这样的生活难吗？

难。

累吗？

累。

当我们开始将生活过得充实而有意义，当我们开始专注于手中的

工作时，很多从前的情绪起伏，和那些对未来的迷茫不安，会随即消失得干干净净。

有人说，30岁时，岁月会对20多岁时我们的梦想和努力进行一次小型验收。

20多岁，你有怎样的努力方式，30多岁，你就会有怎样的打开方式。所以，你看到30多岁脸上皮肤依然紧致，身上的肉也没有松垮下来的人，在20多岁时多半饮食少油，按时敷面膜，有长期保持运动的习惯；30多岁成为公司核心人才的人，20多岁时也同样笨手笨脚搞砸过项目，但下了班就会赶地铁去上学习班；30多岁为人宽和有趣，谈吐斯文的人，20多岁时一定没少看书、旅行。

他们把见识和能力都结结实实地长在自己身上。我们只看到他们过得比我们好，不知道人家一直在暗暗发力。

曾经看过一段话，我非常认同："如果你在最好的年纪，把时间花在男朋友够不够爱自己，该怎样对付宿舍里那个你讨厌的人，以及网上谁又说了我家爱豆的坏话，要跟他们大呛一场等等，那你就要做好过上25岁和一个差不多的男人结婚，30岁买不起房子去求爸妈帮忙，40岁每天好不容易从焦头烂额的工作逃回家，孩子说下周补习班要交费的生活的准备。"

20多岁过得不顺心没关系，可以每天晃晃荡荡，不思考，没想法更没上进心，那么到了三四十岁，你的生活依然不会有起色，并且会更糟。

不要以为躲在温室里日复一日地得过且过就是成长，那是衰老。年轻时别走那条特别容易的路，看似捷径，其实很容易成为你为自己挖下的坑。等你年纪大了,眼神不好,腿脚不利索,想爬出坑就更难了。

有能力掌握命运，为自己的人生建立支点，才能提高自己抗击风险的能力。我们不能说天上掉馅饼这事肯定没有，可就算是真的，也未必能砸中你不是吗？好吧，就算砸中你，那也可能是个铁饼，分分钟砸哭你。

别害怕竞争，因为怕也没用。

可能会有人问,既然无法保证努力就一定会赢,还要那么努力干吗?

可人生就是这样啊，谁都无法保证我们所有的努力一定能指向一个确定的结果，但在努力的这个过程里，我们已经在逐步剔除、减少靠近目标路上的不确定因素。

你接受的教育越多，就越容易分辨是非好坏，有机会重塑自己的三观。你身边的人素质越高，就越珍惜自己的羽毛，不那么容易作恶。你拥有的资本越多，选择权也就越多。你走得越高越远，便越有可能遇到那个能帮你排除错误选项的人，也越有可能获得破解迷雾的智慧。

我理解你会感慨人的命运是何等的欺人太甚，也会不知前路茫茫，哪里才可以通向美好。可是好在你还年轻啊，一穷二白有什么关系，穿廉价的衣服，等拥挤的公交，租不起高档公寓也吃不起精致的西餐又能怎么样？

你根本不需要因为自己如今的艰难和别人的嘲讽而介意，因为总有一天，这些过往会成就你去实现自己的梦想。

什么现世安稳、岁月静好，跟20岁的你没关系。蠢蠢欲动，趁早行动才是你的标签。

年轻最吸引人的地方，就是对未知的一切，还有更多的可能性，还有许多的想象力和更多好奇。

每个人的出厂设置不一样，要面对的人生也截然不同。可活着就是要去挑战一段又一段的艰难险阻，就是拼尽全力，不断优于过去的自己。唯有跟自己比，才能体会到什么是进一寸有一寸的欢喜。

- 对女孩子来说,最重要的事不是幻想着会有白马王子来拯救你,或梦想着自己成为亿万资产的继承人，而是拥有一项能让你立足于世的技能，才不会让你看上去一无所有。
- 同情心是一种很微妙的情绪，别人的怜悯安慰从来就没有真正的疗愈作用。
- 请记住：职场中，女性身份带给你的弊远大于你眼前的利，你所谓的“女士优先”不过是太把自己当成“弱势群体”。
- 不管是“996”还是“965”，公司规定的工作时长是有一定道理的，没有人会喜欢“勤奋病人”，毕竟公司的水费跟电费也是要花钱的。
- 单身的女人不可怜，单身、没钱又没本事的女人才可怜。

!!!

力!!!

除了努力还有什么力

有脾气的抗逆力

抗逆力，本质上是一个人处于困难、挫折、失败的逆境时的心理调节和积极应对的综合能力。我一直认为抗逆力也需要正确的打开方式，绝不是无脑死磕硬撑，而是需要我们提高自己的韧性和耐力。

所有你想得到的美好，都是需要付费的

星辰和大海，是要门票的。诗和远方，路费也很贵的。

你不为了赚钱辛苦，就一定会为了省钱发愁。

平时买个东西，恨不得货比30家，挑挑选选，等店家打折领了优惠券下单后，买来觉得不满意，又要跟卖家计较退换货的运费由谁来负责；旅游住个酒店，觉得服务差、房间小，可想想经费有限，只能忍忍对付住一两晚。

赚钱时矫情的人，和花钱时磨叽的人，很可能是同一种人。工作时喊累的人，和生活时哭穷的人，基本上也是同一种人。

同学聚会的时候，和一个老同学聊天。她抱怨起收入太少，房贷车贷，孩子上学，每个月的工资花得紧紧巴巴，很难攒起积蓄，信用卡账单总是负数。她皱着眉问我们，有没有什么增加收入的好方法？

她在一家国企工作，文职岗位，按时按点下班，于是有人说“不如做个兼职呢？”

“做过，去年开了一家网店，现在的消费者好难伺候，还要早起发货，确认物流信息，做了不到一年就让我关了。”

“要不你再考个其他资格证，多点技能傍身总是好的。”

“下班后要买菜准备晚餐，还要做家务。出去逛逛公园，回来看部电影磨磨蹭蹭就到了十点钟，只想赶快钻进被窝。”

“那就跳槽？换一个你兴趣所在的领域，这样工作起来也有动力。”我认真地说。

“现在外面的公司竞争激烈，常常要加班、改方案，万一跳槽后发现自己无法适应新工作怎么办？在现在的单位再怎么说不累，照顾孩子也方便点。”

大家说了半天，也没有一个可以被采用实施的办法。她叹了口气：“唉，普通人的生活怎么就这么难啊。算了，就这样吧。”

发现没？我的这位同学属于我们人人身边都有的那类人，他们将生活的种种艰难一股脑地诉苦给你，不安、焦虑、烦躁，他们希望从你那里得到切实有效的办法，可是无论我们给出什么样的建议，他们都会用一个接一个的理由反驳你。他们每天都是带着对生活的不满睡去，第二天醒来，却依旧重复着前一天的生活。他们认为这世界对待自己格外刻薄，把闪闪发光的好生活都给了别人。

我上个月去北京，和一位畅销书作者约了见面。聊到读者留言问得最多的问题，就是“如何面对生活中的迷茫和疲劳？”

她说遇到这样的问题，她不知道该如何回答，因为她不允许自己陷入迷茫中,不允许自己陷入“生活辛苦”“人间不值得”等负面情绪里。这样的情绪不仅不能给她带来好的作用，还会影响她，让她把正经事搞砸。

她把闲下来的很多时间都用来读书和思考。抽时间去看读者的私信和留言，分类归纳总结，写出一篇又一篇走心的文章来回馈读者，把时间充分利用起来的结果是，每一天都过得很充实，睡眠质量很高，根本无暇考虑其他。

忙完一个阶段后，她再从稿酬里拿出一部分犒赏下自己，去打卡一家心仪已久的餐厅或是买一个最新款的包包，时间允许的话再来一次出国旅行。所以你看，她似乎真的没有多余的时间和脑容量去自我怜悯。

跟她的这次见面给我的最大触动就是：

赚钱时，剥离掉无用的矫情，才能在花钱时，避免花了不舍、不花又不甘的犹豫。

最怕你穷还穷得心安理得

有人总喜欢说："我家境就是不好，我能怎么办！""我们家本来就穷。""大家都是没钱就凑合着过的。"或者"他过得好，还不是因为他有钱！""我要是有钱我也能过这样的日子！"乍一听好像很有道理。

很多人的逻辑都是：我过得不好，都是因为我没钱；因为他有钱，他才过得体面、有品质。

可是别人是怎么过的不重要，重要的是你究竟想过什么样的生活。你没钱可以去努力，没钱可以有追求。

所以如果你眼下很穷，那么你应该采取的措施不是自怜自怨，或坦荡地接受自己很穷的事实，而是需要想尽办法，摆脱穷的事实。

别以为挣钱很俗气，甚至会忘记初心。如果物质都得不到保障，你拿什么谈论你的梦想？坦白讲，我们都知道努力了不一定会有收获，但每一次的努力又是在给自己的未来累积资本。等到你不怕跌倒，是因为你已拥有站起来再奔跑的能力。

这世上很多东西都有保质期，随时都有丢失的可能，唯有自身的能力能带给你真正的安全感，你不会因为没钱而陷入窘境，因为你有挣钱的能力。你也不会因为买了心仪的衣服而担心下个月该怎么过，因为你的能力能够为你的消费水平提供保障。

努力挣钱的最大意义，不是靠物质包装生活，而是在这个过程里获得让自己立足于世的能力。穷不是你的错，但一直穷下去，那就真的是你的错了。

我们都曾幻想自己的未来，要有一所大房子，很大的落地窗户，阳光洒在地板上。在美好的日子里，不为金钱发愁，不向厌恶低头，只做自己喜欢的事情。

可是现实里，你是否把大把的时间都花在无用的社交，十多个小时的网上冲浪，得过且过的工作，毫无底线透支信用卡，追着并不现实的肥皂剧？

穷并不可怕，可怕的是内心默许纵容自己一直穷下去。明知道现在的自己是你所厌恶的，但你真的为之努力改变过吗？

可能会有人告诉你，钱不是万能的，钱买不来快乐，真的，别听他们瞎掰。说钱不重要，或者不要只顾着赚钱的有两种人：一是从来没有富有过的人；二是已经非常富有的人，觉得金钱已不重要的人。钱对大多数人的真正意义，是能够让你在面对生活时，有更多选择的可能，你能够在自己能力范围之内，给予自己想要的生活。

关于精神和物质的关系，我曾经看过这样一段话：“精神可以支撑物质，它是人的信仰，但物质的节节高升，也能够带来精神世界的更高追求，归根结底，金钱是手段。”

努力赚钱，是为了昂头走进奢侈品店不露怯，拥有对不喜欢的人和事有可以说不的底气，有资本远离你不喜欢的圈子，远离那些消耗你的人，可以更多按照自己想法来活。

努力赚钱，是为了不再和陌生人挤着合租，拥有一间属于自己的公寓，或许不必很大，按照喜好的风格装修，即使每天上班远一点，也甘之如饴。

努力赚钱，是为了失恋时不再哭哭啼啼，可以立马买张机票去巴黎喂鸽子，去乌鲁瓦图[1]的情人崖，闻一闻咸腥的海风，看海水拍打着礁石卷起层层浪花。

我不是希望你要活成一个世界首富，我只是希望每个女孩永远都不要因为钱而将就，因为钱而委屈，因为钱而受到伤害。

有段话说得很好，“当一个人真正实现了经济独立，才能拥有无数选择的权利，而不是被迫谋生。人生中的很多问题，靠钱真的能够解决”。

钱买不来所有的快乐，但钱能在你和快乐之间搭上一座桥，让你踏踏实实地走在上面，走向另一端的美好。名利世界这场苦旅，你只能亲自攀爬。

---

[1] 乌鲁瓦图，位于巴厘岛西南海岸，著名景点有乌鲁瓦图神庙（情人崖）、神鹰广场等。——编者注

世间的一切烦恼都源于没有钱

但凡钱和感情这两样东西掺杂在了一起，除了极其容易变质之外，还会衍生出让人寒心的事情。

我刚来这座城市的时候，与清子合租。那个时候我们两个人都是刚刚进入职场，每到月底免不了要相互“扶持”。她和男朋友闹分手，我去酒吧接烂醉如泥的她回家；我因工作进度受阻苦恼，她耐心开解我，帮我想办法。

那时候我常常觉得，因为清子的存在，异乡并不冰冷。

后来清子打算买一套小户型的公寓，交首付的时候清子问我可不可以借她一万块钱。那时候的我也没有太多的积蓄，一万块对我来说也不是小数目，但买房子是件很重要的事，我最后还是决定借给清子，第二天便转账给她。

朋友之间，用钱周转也不是什么稀奇事。可想不到的是，当我急需用钱，问清子能不能先还 5000 块给我应急的时候，她先是各种推诿找理由，后来电话不接，信息不回，大过年的直接就翻脸说她就是没钱，让我自己看着办，要是再逼她以后就拉黑不往来。

说实话，当时我是有点蒙的。

借钱的时候千恩万谢，还钱的时候千催百请，这种事情以前都只是听说。可当自己碰上这种事的时候，真的想不到，曾经的好友会因为一万块钱跟自己翻脸，确实挺寒心的。

我不明白，为什么曾经那么亲密的人，在遇到钱的关口，会变得那么面目全非，陌生到让自己都感到害怕。

钱是王八蛋，可它真好看。谈感情不一定伤钱，但是谈钱一定伤感情。世界上的文字千千万，唯有“钱”字最伤人。

我想起一句脍炙人口的鸡汤：我想要很多很多爱，如果没有，那就要很多很多钱。

我相信每个人身边都有无论你贫富美丑都会一直爱你支持你的亲朋好友，可对大多数人来讲，爱情与友情都有条件，不仅仅是经济实力和社会地位的匹配，也是眼界、心智、认知、资源的旗鼓相当。

到了某个年纪之后，甚至连健康都要用钱来交换。

我的外婆是肺癌去世的。去世前因为年纪偏高而不能动手术，医生建议保守治疗,其实所谓的保守治疗就是长期吃药。抗癌药费用高昂，每次听见家里人讨论老人用药费用的事，我心里都特别怕，怕因为没有足够的钱让本就瘦小的外婆受癌症折磨。外婆每咳一次血，我心里就流一次泪，总觉得如果吃更贵更好的抗癌药或许能减轻外婆的痛苦。

癌症父亲为省两元钱拒绝吸氧姐姐；为救患急性淋巴细胞白血病的妹妹，想把自己嫁出去，彩礼钱用作妹妹的治疗费用；等等。钱这个东西，在很多事情上或许你心态好一点，多多少少可以没所谓，但在亲人的疾病面前，钱就是命。

有人说,凡是能用钱摆平的事情都是小事。说这话的大多是有钱人。对穷人来说，凡是需要花钱解决的事，都是天大的事。

有些美好的东西，贫穷会让你不断失去；有些该守护的人，贫穷会让你无能为力。

一句“世界那么大，我想去看看”撩拨了情怀。旅行类图书畅销，旅行类综艺节目收视率飙升，越来越多的年轻人以“再不出去看看就老了”为口号，迫不及待地想要立马来一场说走就走的旅行。

我相信，世界很大，也的确值得我们去看看。但是出走和到达的前提，是有资本和条件。走出去之前，应该问自己三个问题，我有足够的积蓄吗？我有放下眼前事出行的时间和勇气吗？回来后的资金空缺又该如何填补？

至少对我而言，诗和远方并不适合暂时为生活苟且的我。但我苟且的每一天都是在为诗和远方而打拼，没有资本，先安安心心地为诗和远方打拼，努力学习，努力提升工作水平，这些自然会给你带来赚钱的机会和升职的好运。有了资本,随时都可以说走就走。山水不会跑，有了金钱为你撑腰，你想去哪儿都不会晚。

所有你想得到的美好，都是需要付费的。我只想不动声色地默默努力着，想着再等等，等我有了底气，带父母出去看看世界，对他们说：“出去玩，去尝美食，用我的钱，别心疼！”

星辰和大海，是要门票的。诗和远方，路费也很贵的。当你还没有达到谈诗和远方的能力时，请在当下好好努力，因为很多事情真的离不开物质支撑。

我不否认，这个世界上有一批上帝的宠儿。一出生就含着金汤勺，找得到有钱又浪漫的伴侣，一辈子平安快乐，衣食无忧，想买就买，应有尽有，从不为钱的事情发愁。

但其实不必嫉妒，不必酸溜溜地感慨别人的好运气。

大多数投胎技术不过硬的我们，含的是铁汤勺，走的是独木桥。

这个时代很复杂，但好在它也很公平。它认可财富榜上的人，同样，它也认可那些悄无声息的努力和汗水。听说京城街头卖煎饼的阿姨都月入三万了，你好意思哭穷？

所以，请打起十二分精神，想想自己到底想要哪一种生活，并为此竭尽全力地去拼一把。哪怕要面对老板的严苛，同事使的绊子，甚至憋屈、无奈、哭泣，你都要记住，这些都是通往更好的道路上不可避免的。

二十一 一个人因钱堕落总是不值得的

有一句话我很赞同：**无论怎么样，一个人因钱堕落总是不值得的。**

女孩尤甚。

大四那年，因为在同一个导师那里做毕业论文，所以我和孙同学的联络多了起来。经常一起去图书馆分享资料。有次和她一起逛街，她说阿玛尼新出的口红色号很美，想试涂一下，正宫大红色、清新暖橘色、初恋少女粉、个性红棕色，个个她都喜欢。

“挑一支颜色百搭点的，这样你穿什么颜色衣服都可以。”

“不用。全都要了，这样就不用纠结了。”孙同学说完直接刷卡付款。她轻飘飘的这一刷，基本是我大半个月的生活费了。随后，孙同学又看好一件薄羊绒外套，乍暖还寒时穿正合适。衣服剪裁利落，手感极佳。当然，5500元的价格也确实吓了我一跳。可她付款时气定神闲，还说现在有折扣很划算。

这个声称父母都是普通工人的孙同学，仅仅用了两个小时，就花掉了我近半年的生活费。其实仔细想想，也并不意外。孙同学的朋友圈，更像是一个大展台。她在高档酒店的落地镜前自拍，在三亚学潜水，在澳门的赌场里小赌怡情，在巴黎铁塔下笑靥如花……平日课堂上，室友帮她请假或者答到是常事，选修课她基本也是不去的。宿舍楼走廊里常常听得到她清脆的高跟鞋声，她身上的香水味也愈加浓烈。

大三的时候，孙同学就搬到了一间高档公寓，基本不住在宿舍里了，在学校也很少见到她。说起来，最初教我认识奢侈品牌的，就是孙同学。她会告诉我今年 Dior 和 Chanel 又出了哪些新款，告诉我 MK 在国外是很普通的牌子。

听她宿舍的人说，孙同学找了个有钱的男朋友，那个男人常年居住在国外，已婚。

临近毕业的时候，有天晚上她顶着哭红的双眼来我宿舍找我。原来是那个男人的老婆找到了孙同学居住的公寓，说了一些极难听的话，还动手打了她，把她赶了出去。

孙同学捂着略肿的脸颊哭得声嘶力竭，我陪她回公寓收拾东西。冷暖合适的空调，蓬松柔软的沙发，整洁明亮的落地窗望出去便是绿意盎然的公园，双开门冰箱里摆满了水果和饮品。是啊，这样的地方和拥挤的集体宿舍比起来，简直就像天堂一样。孙同学默不作声，一件一件叠着自己的衣物，可我分明看得到她眼睛里噙着的泪水。

女孩子在这样的时代，很容易被琳琅满目的奢侈品和高档气派的住宅诱惑。可拥有这些的人，哪一个不是靠自己的努力而获得的呢？生活没有捷径，想以轻轻松松的方式获取财富，改变生活，残酷的现实会在你掉以轻心误以为自己已坐享其成的时候卷土重来。

功利心要有，但不能被它所伤。生活要靠自己赚来，倚仗别人给钱又给爱的路，才是最艰难的。

简·奥斯汀的小说《爱玛》里，哈丽特问爱玛："你为何不结婚？你如此天生丽质。"

爱玛说："告诉你吧，我连结婚的想法都没有。我衣食无忧，生活充实，既然爱情未到，我又何必改变现在的状态呢。不用替我担心，哈丽特，因为我会成为一个富有的老姑娘，只有穷困潦倒的老姑娘，才会成为大家的笑柄。"

生存以上，生活以下，这是我们大多数普通女孩的现状。美貌是易耗品，青春更转瞬即逝，人行于世，要懂得给自己加码，财富自由便是其中最重要的砝码之一。

我在一篇文章里读过这样一段话："如果钱不重要，那么为什么那个在聚会时提前找借口溜走的姑娘，纤纤背影和柔亮的长发在刹那间变得黯淡又可怜？如果钱不重要，那么为什么那些深受婚姻之苦的女人，就算姿态难堪，夜不能寐，也不肯离开多金的丈夫？如果钱不重要，那又为什么有人在远方谈谈诗和情怀，有人却只能挣扎于眼前苟且，数着日子等待发工资？"

钱在很多时候，是很坏的东西，它让我们迷失自己，让我们忘了自己赚钱的目的。但是很多时候，我用它们，帮助自己有所坚持，帮助家人渡过难关，帮助朋友找回一点尊严。至少这点臭钱，让我们可以少低点头，多做些喜欢的事。

钱是保护我们自由的围墙，是让我们能够独来独往的工具，让你有底气对你不爱的人说滚蛋，让你有底气和难缠的老板说再见，让你有底气保护你在乎的人不受委屈。正是这笔钱让这个肤浅的世界好好看看，你不是好欺负的，你是可以做自己的。

对于“为什么要多赚钱？”这个问题，之前有一个超多赞的回答。

“因为我喜欢的东西都很贵，我想去的地方都很远，我爱的人超完美。”

当你挣到了更多的钱，过上了更好的人生，你终于可以回过头来，跟当年那个一无所有的小女孩说一句：你值得更好的！

有趣的人就像五彩缤纷的彩虹糖

一个有趣的人，他不一定必须具备深厚的学识，但他的内心必然是丰富的；他不一定走过很多的路，但他的生命中必然一直有故事在发生。

“有趣的灵魂”在这几年成了热门。不过“有趣”这事因人而异，其实是很难下定义的。

朋友酒吧开业，大家约好一起去热闹热闹，便认识了仔仔。我们这场合女孩子比较多，仔仔便在聊天过程中不停地“抖机灵”，还沾沾自喜，觉得自己幽默感爆棚，比如：一个姑娘聊起自己想和朋友一起去西藏，去参拜神圣的布达拉宫。仔仔立刻接上一句：“你没看网上的视频吗？从西藏回来的人，个个被风吹日晒成黑驴。”说完还笑嘻嘻地抖着腿，丝毫没注意姑娘大大的白眼。

旁边的朋友打圆场，“西藏很不错啊，适合文艺青年。”仔仔又立刻接上一句：“所谓文艺青年，大多无所事事，哈哈，这可不是我说的，是鸡汤里说的。”然后美滋滋地给自己添满酒。

几度尬聊冷场后，仔仔或许觉得自己应该担起活跃气氛的责任，于是找了十几条恶搞视频分享给我们看，说这些是他私藏的宝贝，每天睡觉前都要刷会儿。大家纷纷黑脸。

聚会结束后，仔仔主动索要了在场几位姑娘的微信，却遭到了不约而同的婉拒。本以为就此算了，结果当天晚上他在朋友圈发了一条动态：“看不到我有趣灵魂的人，真的是肤浅至极。”

Excuse me？到底是我们无趣，还是他讨人嫌啊？**一个人如果做不到有趣真的没关系，毕竟这不是对每个人的硬性标准，最怕的是无趣还没有自知之明。**

有趣的人一定是具有情商的，是被大多数人所接受的。这样的人必然是眼界开阔的，是能理解并融入在多元的世界里的。这样的人有自我的原则，有交际与处事的妥当，是能够让别人舒服和接纳的。随口搬弄网络鸡汤，在群里分享恶搞视频，顶多说明你花在网络无用信息上的时间太多而已，跟幽默有趣扯不上半点关系。

人人都想拥有有趣的灵魂，毕竟好看的皮囊大多天赐，灵魂至少能后天培养,只可惜一个人的“有趣”不是靠自己给自己贴标签就能成立的。

有趣是一个人思维和内涵迸出的火花，并恰好被身边的人欣赏，自发鼓掌称赞，而不是一场自卖自夸、刻意加戏的表扬。

之前有看到过一个网友分享亲身经历:“我因为工作的事，心情不大好，女朋友跑来问我怎么了，我当时心烦就说了一句:‘男人的事情，说了你们女人也不懂……’女朋友什么也没说转身就走了。我以为她生气了，刚想过去安慰她，没想到这傻姑娘从洗手间里大摇大摆地走出来，画了一脸的大胡子，踮起脚尖勾住我肩膀，学着男人的样子跟我说:‘兄弟，你怎么了？’对视几秒后，我们都笑得在地上打滚。我心里所有的烦恼、困扰随着她被蹭花的胡子一起消散了。”

你看，有趣的人是会在生活的苦涩里创造甜度的人。

爱情始于五官，陷于三观，忠于灵魂。生活避免不了平淡乏味，沧桑岁月损耗的不仅是容颜，还有激情。

谁都渴望爱情的无限保质期，但这不只取决于对方是否长情，还取决于你有没有给对方足够的“爱的能量”，是否有自我更新的能力。爱情呀，才不是一次性丢给对方一本又厚又重的书，逼迫两个人相看两不厌，读到边角破损，而是不断撰写新的篇章，永远牵动他的好奇心。

颜值高、身材好并不能成为出众的绝对因素，而“有趣”会成为一个人独特的标签，使他无论身处何地都能轻而易举地让生活闪闪发光。

一个有趣的人，他不一定必须具备深厚的学识，但他的内心必然是丰富的；他不一定走过很多的路，但他的生命中必然一直有故事在发生。

生命，就应该浪费在美好的事物上

自己喜欢的日子，就是最好的日子，自己喜爱的活法，就是最好的活法。

我欣赏能在生活上从家具布置到一日三餐都不厌其烦地精致的人。周末的时候会在家给自己泡上一壶夏天的雨前西湖龙井，加上秋天的满觉陇桂花，一口饮尽四季。工作日午休时会去星巴克喝一杯咖啡，和黑围裙店员小倾诉一下自己每次做手冲味道都不一样的苦恼。会为了一顿像样的早餐早起半个钟头，在熟度刚好的煎蛋上撒上细细的胡椒粉。

当大家把生活过成匆忙的流水席，在凌乱的出租屋凑合日子，不走心地糊弄工作，疏于经营每一段交情的时候，愿意用心去对待每一件小事，努力把生活的每一个瞬间都变得美好，是一件多么难得的事。

热爱生活的人，未必天天高喊着正能量、修炼着高大上，而是于生活的细微处有那么一点不一样。一蔬一饭也能看到英雄梦想，一朝一夕也能发现难得的生活品质。

我的朋友小妮就是那种把平常日子过出花来的人，作为平日里忙得团团转的营销经理，她在该放松娱乐的时候，真真儿半点都不会含糊。

她不会懒兮兮地打发时间，可以用来消遣的事很多，比如玩滑板、摄影、DIY 手工艺品、做音乐节的志愿者，再抽空跳一个小时的舞。她的床头堆起高高一摞的书，睡前阅读摘抄，周末无事外出就啃老电影，豆瓣小站里有自己写的影评。因为热爱美食，经常会在朋友圈里分享自己做菜的心得，将每道菜拍摄得秀色可餐。去年我生日的时候，她亲手画了一幅我和我家狗狗的合影送我。

圣诞节的时候，我去小妮家做客。一进门就看到圣诞花环，上面点缀着圣女果、木槿花、蔷薇果、女贞、桂皮和松塔。米黄色墙纸，碎花双人沙发，墙上挂着她这几年各地旅行的照片。电视柜旁边放置着一棵圣诞树，树上挂满了小铃铛和彩色灯泡，树下还有礼物盒和可爱的麋鹿。

“盒子里我有装礼物哦，你可以挑一个。还有一个菜，马上就开饭。”她一边说着，一边熟练地系上围裙。她做饭的时候，我倚在一旁看着她娴熟地切菜、下锅、翻炒。这面容姣好的姑娘在做饭的时候带着平时少见的烟火气。

林徽因是民国时期的美才女，在结婚之后，她依旧像一颗钻石一样打磨自己，每一面都光彩熠熠。

我在书上读到，林徽因热爱运动，会在天气晴朗时，穿上英姿飒爽的骑马装，去郊外骑马踏青；她爱好写作，写学术性论文，也写小说散文；她在学校做老师，还尝试做翻译；她在家摆弄花草，也爱音乐舞蹈……

她让自己进入到不同的领域，不断填补每一种自己生活里还缺失的元素，为自己不断注入新的活力，来支撑她美丽的皮囊。这大概也是她被世人与时光铭记的原因吧。

周五下班回家，在电梯里碰到邻居，她看到我手里拿着一束桔梗。

“放家里摆着的？能养几天？”

“差不多一周吧。”

“这钱不如买点吃的划算呢。”

我微笑着不说话，刚好电梯也到了，各回各家。

一直觉得，鲜花的灵气和真实感，是再好的仿真花都无法相比的。无论是在天桥上、早市场还是花店，看到喜欢的花便会顺手买下来摆在家里。清晨醒来，睁开双眼，花香正浓，色彩缤纷，能给我带来一天的好心情。工作累了，晚上回到家里，屋子里有淡淡的清香，一天的疲惫和不快一扫而光。

支付几十块钱，便能换得心身愉悦，我倒是觉得很划算。除了赏心悦目和清新怡人外，这一束花，更为我的生活带来了一点隆重的气氛，这大概就是书上说的“仪式感”吧。

不否认，我们每天醒来日子与昨天几乎一样，早高峰的地铁公交还是一样的拥挤不堪，早餐还是那几种一成不变，工作也还是满满地堆成了小山。在同样无趣干瘪的生活里，很多人仍以认真有趣的态度对待生活里看似无趣的小事，体悟到生活本质中微小的不易被发掘的欣喜。

比如：在办公桌上的空瓶里插入一束你喜欢的花；寒冷的天气给自己调一杯可口的奶茶，周末的下午洗好的床单晒在阳光下，感受那种棉制品暖烘烘的舒服感。

久居的城市想离开终究还是会再回来，听腻的歌删除很久终究又下载了回来，分别很久的人，说不准哪天又突然巧遇，什么事都有可能，可唯独时间退不回去，也再回不来。如果没有在活着的每一天里倾注自己的温度和心思，人生恐怕不过是一片干巴巴的沙漠而已。

热爱生活的人不是没有糟心的琐事，只是他们往往能把负能量巧妙地转化掉，自己给自己提供快乐的能源。他们和这个世界是朋友，是爱人，是亲人，他们每天都在“撩”这个世界。而且我相信，这世界也会对他们报以偏爱。

“生命，就应该浪费在美好的事物上。”这是台湾黑松汽水的一句广告词。

假如生命从头到尾都是一场浪费，你需要判断的仅仅在于，这次浪费是否是美好的。美好的人生，不外乎顺从本心去生活，跟随自己的感觉，做想做的事，爱想爱的人。美好不是想要什么就有什么，而是有所取舍并坚持过有美感的人生的过程。在每一天每一秒，每一事每一物中去感受。

一个人拥有此生此世是不够的，他还应该拥有诗意的世界。

为每一天花一点心思，给每一个日子取一个温暖的名字。学会一个人惬意生活，不论身边是否有人疼爱，每时每刻与自己为伴。你存在，才会感到整个世界存在；你看得到阳光，才会感到整个世界的光亮；你失去平衡，才会感觉整个世界好似倾斜。

你或许没有足够的钱去周游世界，但周末带着自己做好的糕点，叫上三五个好友去郊外踏青，又何尝不是一种惬意。

你或许无法抽出时间和精力去学习从小就喜欢的小提琴，可是穿上自己心爱的裙装，去听一场音乐会也并不是不可能。

你或许不会骑马，不会打高尔夫，那么下班回来的路上顺手买一束十块钱的花摆在家里，买一盒水彩在单调的花盆上随性涂鸦，将秋天公园里的落叶带回几片，剪成不同的形状等水分蒸发后做成书签，都是对无趣生活的一种抵抗。

生活会用平淡消磨我们的热情，做一些无用但喜欢的事，适时地取悦自己，唯有这种情趣能让你跟强悍的现实打个平手。

希望你的每一天平安喜乐，你遇到的每个爱人都是好人，你不会再受伤再难过再失望，你可以依旧疯狂自由肆无忌惮地远走他乡去流浪；希望你可以比任何人过得好，你也要相信自己配得上美好的一切。

世间万物，花是花，草是草，愿你有一天也可以凭借自己的努力向生活摆出喜悦的姿态，愿你的血液可以为美好的人、美好的事而流淌。

幸福没有标准答案，快乐也不是只有一个办法。自己喜欢的日子，就是最好的日子，自己喜爱的活法，就是最好的活法。

越是对物质有要求的女孩，越是懂得如何好好经营自己和生活。

女孩在对待消费这件事上，真的需要有些自己的想法跟态度。

前段时间，朋友小妮在家里人三令五申的逼迫下去相亲了。对方什么都好，有房有车有存款，小妮却很坚定地说：“我们两个很不适合，不用再花时间互相了解了。”

见面那天，小妮穿了一条森系风格的长裙，以便搭配约会的浪漫气氛。但是让小妮失望的是，两人聊到下班后的闲余时间却出现了分歧，男孩说喜欢宅在家刷刷视频、打打游戏，很少出门。

“可以去健身房流汗呀，我最近报了个瑜伽班。”小妮在努力找到可聊点。

男孩摇摇头，“有那个时间，在家瘫一会儿

不好吗？干吗去挨累？”

“最近有新电影上映，我们一会儿可以去看看。”

“过几天网上有资源下载就好了，没必要花电影票的钱吧，效果差不多的。”

“差很多吧……”小妮不想再争论。心里冒出一个念头，这场约会和我的裙子一点都不般配。

遇见一个和自己步调不统一的人，无异于经受一场劫难：你跟他吃饭，会觉得不合口味；你跟他聊天，会觉得“三观”不合。

朋友小草在外企工作几年后攒了一笔钱，便辞职开了一家甜品店。店里不忙时，她会亲手磨制咖啡、做花果茶、烘焙小点心，拥着两只猫咪在落地窗前晒太阳。一个人的小日子，过得也算惬意。

前几天她说店里上新了舒芙蕾，让我去尝尝。晚上店员都下班了，我们两个人吃着甜品，聊聊彼此近况，她同我说起近期发生在她身上的一件“趣事”。

小草的亲戚给她介绍了一个男孩，初次见面感觉还不错，两人便继续联系。几次礼貌寒暄之后，男孩约她周末吃饭，小草很开心，便建议去一家她常去的日料店。

用餐期间，男孩说：“看你分享的动态，感觉你挺能花钱的，不过美女嘛，都很爱花钱。”

爱花钱？小草有点蒙，便仔细回忆了一下自己分享的日常，到底哪里会给人留下爱花钱这样的印象。

想来想去，不过就是，上周去上海参加了世界咖啡展，品尝到很多大师亲手做的咖啡；上个月和朋友一起去了泰国，吃到心满意足才回来；两个月前去了趟苏州，打卡了一家心仪很久的西餐厅。

这有什么过分的吗？

结账时，小草坚持 AA 制，还送了男孩一份自己做的柠檬芝士蛋糕。

回去的路上，男孩又说："你出去玩都是住星级酒店吗？"

"是的，我觉得安全更重要。"

"星级的就一定安全吗？都是老百姓经济实惠就好吧。人啊，有点钱之后就容易自己吓自己。太讲究物质生活的姑娘，会嫁不出去哟。"

小草听他说完就气不打一处来。

"我的物质生活是靠我自己拼来的，我把自己养得好一点，为的也不是让别人来教我省钱。"

小草说，临下车的时候，特别想把送给男孩的蛋糕拿回来。我哈哈大笑。

没过几天，小草的亲戚来她店里，说是随便坐坐，实则是来"数落"小草。

"你说你跟人家男孩见面，怎么就不知道收敛点呢。你那天背的包包是不是又是新买的，人家一看就知道不便宜。听说你俩吃的日料吧，日料多贵啊。”

小草一声没吭，喊店员“打包一份肉松小贝给这位阿姨带走”，微笑目送亲戚离开。

小草说，选择日料是因为日料店环境安静，适合聊天，且环境舒适。自己背的包包是为了搭配那天穿的衣服，她真诚且重视这次约会才会这样用心，还专门为男生带了自己亲手做的甜品。

真的不明白，真诚待人的自己竟然错了？花自己的钱，买自己喜欢的衣服，吃自己喜欢的美食，怎么就成了各种不妥了？

其实往往是对物质有要求的女孩，更懂得如何好好经营自己和生活。

总有人不明白女孩的消费观，售价四五位数的包包能装多少东西？几千块又不舒服的高跟鞋哪有平底鞋舒服？好几十块钱买一杯冰激凌，吃完又能怎样呢？

那么，希望这样想的人来告诉我，人家用自己挣来的钱，买自己喜欢的东西，选择自己的生活方式，哪碍着你了？

每个把自己养得很贵的女孩，都在等待一个懂得欣赏她的男人和一段可以给她的生活锦上添花的爱情，找男朋友不是为了给自己添堵的，更不是让人教她怎么省钱的。

工作后，我每个月都会给自己设定一个目标，只要达成目标就会送自己一样小礼物。上个月是一只乳胶枕，上上个月是一支LAMY钢笔，下个月打算买一台新款早餐面包机，这些都是非常能够提升生活质量的必备用品。

我是个俗气且容易丧的人，我不可能持续保持元气满满的状态。时常会有坚持不下去的时候，所以一定的花费对我而言，是给自己一个短期且容易实现的奋斗目标。一个包，一条裙子，一套做工精良的梳妆台，无论是写作灵感跑光的时候、编辑在催稿的时候，还是老板要求周末继续加班的时候，就因为这小小的购买欲，让我有了想更加努力去得到它的动力。

我始终都相信，我买的不仅是一个物件，而且是一种对生活的态度，是一段余下时光的长久陪伴。在有限的生命里，独自一人的时候，那些属于我的东西随着时间的流逝沾染了我的气息和印记，无论外面再怎么狂风暴雨，回到家里的一片熟悉宁静是它们带给我的。仅这一点，就值得我努力赚钱去拥有，不是吗？

没有人能够一直打鸡血，这才需要适当的物质奖励，带来催人向上的前进动力。这些小小的，能够用金钱衡量的物件，对很多人而言，是生活会越来越好的希望，是能够通过自己的努力获得更多的底气。

在自给自足的前提下，把自己努力赚来的钱花在布置生活上并没有错。毕竟，我们好好经营自己，就是为了不必委身于生活。

无论是和你价值观不一致的另一半，还是“看不惯”你活法的朋友，他们喋喋不休的“紧箍咒”其实都不必太在意。生活是一个漂亮的万花筒，每个人都有做出自己的选择并享受它的权利。

就像那句话说的：也许每个姑娘都有一段这样的成长过程，从追求数量，到追求质量；从喜欢买新衣服，到只买好衣服。因为千帆过尽，阅尽繁华和苍凉，才慢慢发现，我们的人生不是用来凑合的。

那些喜欢的人，我们买不下来，但是看到喜欢的东西，我们还是可以买下来让它们属于自己的。

从某种意义上来说，一件好的东西可以陪你很久，你想象不到的久，久到你开始怀疑人生、怀疑男人，你都不会怀疑它的质量。

至于那些只舍得对女孩子动动嘴皮子，没有半点行动的人，送他们一句话好了：能宠就宠，不能请让开。

最怕你表面精致，私下却在糊弄生活

生活的仪式感不该只是一种仪式而已。

公司前台新来了一位小姐姐。

小姐姐月薪 3500，基本没有存款的她，每天早上都要去必胜客吃 26 元的早餐套餐，下午必点一杯星巴克咖啡，今天喝美式，明天喝抹茶星冰乐。

有同事很不解地问她："公司茶水间有咖啡机，你干吗还花钱去外面买？而且路口那家早餐店很不错，种类丰富，味道可口。"

小姐姐微微一笑："只有拿着刀叉吃精致的早餐，手里捧着一杯星巴克，我才觉得自己真正融入了这座城市。"

有次周末和朋友去一家网红甜品店打卡，知道小姐姐住在附近，就打包了一份甜点去找她。

一进屋我惊得下巴要掉下来。包装袋、鞋子、裤子、宠物玩具，以及不知是什么的东西被团成一团团的，堆放在一起。我小心翼翼挪步进去，推了推桌上的外卖盒，把甜品放下。

“快过来尝尝他家新出的甜品。”

“你先别吃，我拍个照片发朋友圈。”

她不知道从哪里掏出一个箱子，里面是她在网上花了上千元买的Ins风拍照道具。大理石背景纸、干花、咖啡豆、英文桌布、火烈鸟、盆栽……摆拍完甜品后，再加上厚厚的滤镜。然后发朋友圈配文：有舒芙蕾的下午，空气都是甜的。

那些道具让她拍出美美的照片，在朋友圈收获了无数个赞。

下午我和小姐姐准备去逛街，出门前她准备化妆，于是我看到了她朋友圈相册里曾出现的轻奢风梳妆台，实则是在杂乱无序的书桌上腾出的一块空位，我们两个顺便还整理了一下过期的化妆品准备丢掉。

看到她打开衣柜门，准备挑衣服，狼狈地接住像雪球般滚出来的大堆衣服时，我心里果断移除曾赠她的“精致美女”的牌匾。

朋友圈里的她是很美，她喜欢西餐咖啡厅，喜欢出入高档护肤会所也无可厚非，但这些美照的背后，却是被假精致蒙蔽的现实。朋友圈里一片美好，现实生活却乱成一团糟。

这种所谓的精致，所谓的仪式感，其实只是一种假象、一种作秀罢了。

精心打造出来的美好，或许能让不明真相的人羡慕不已。可戳破虚假后，只有自己知道，真实的生活有多糟糕。

许多精致，或许藏在别人看不见的地方。

我大学寝室的一个姑娘，校活动用过的鲜花她带回寝室倒挂晾干，作为干花花束插进花瓶；每次回寝室脱下短靴穿上拖鞋后，把两个竹炭包顺手塞进靴子里；在离柜子最近的抽屉里放一个粘尘滚筒，换下外套后顺手清理下；其他宿舍不要的蚊子草，她拿回来养得很好，夏天我们被蚊子咬了红包，她就摘几叶蚊子草剪碎给我们涂抹止痒；她的每瓶护肤品底部都贴着写着使用截止日期的白色标签……

她的精致是从里到外地照顾好自己，不用名牌堆砌，没有矫情做作之感，全是用宠爱自己的小细节集结而成，精致点滴与她的生活一气呵成，融为一体。

真正的仪式感，是将那些平常、细碎甚至有点糟糕的生活，过得认真而讲究，过得开出花来。这样才是精致本身的意义，看上去光鲜亮丽，私底下妥妥帖帖。

《人民日报》曾对现代人的生活状态做出总结："能买吸尘器就不用扫帚；吃完牛油果又要吃藜麦；100 块钱一张的面膜用起来也不心疼；

口红两三只不够，要集齐全套；租房得独立厨卫，还要带落地窗。”

追求美好的生活本没有错，最怕这所谓的美好，是一戳就破的表象。

精致、仪式感、爱自己是如今各大销售平台惯用的营销手段，告诉你快来买，买了你就是投资自己，用了就代表你精致了，晒了你就已经超越了同龄人。

很多人在朋友圈晒出刚买的大牌口红，想传达的不是“我买了一个商品”，而是“我有消费名牌口红的经济实力”。即使买这支口红攒了很久的钱，抑或分期购入，都不重要。

许多人习惯把物质抬到过高的位置，过于看重“被大家看到”，来标榜自己生活得很好。美其名曰“生活需要仪式感”，然而这些充其量不过是戴上虚伪帽子的伪仪式感。

这是现在这社会的通病，从实体店到网店，各种慢性洗脑，诸如，犒赏自己、文艺范、享受当下，以及各种充满小资情调的宣传，让很多人以为生活就应该是那样，不能认清自己，不能做好定位，盲目跟风，以为自己跨入了与别人不同的圈子。

生活需要仪式感，这一点错都没有。

但真正的仪式感并不仅仅是代购几套国外护肤品，在城堡下拍几张照片，在洱海旁发呆一整天那么简单的事。你想想，一个人的精致，难道不是要先做到穿着干净得体吗？你穿一件利落得体的衣服，难道不比穿一件残留着前几天麻辣烫汁的 Prada T 恤看上去要让人赏心悦目多了？

精致并不会高于生活，它是插播在生活中的一条条精彩节目，它应该是源自内心，融化进生活。

对生活有仪式感，原本只是为了给平淡的生活加一点甜，但超出现实基础的伪仪式感却让生活一地鸡毛，虚荣一时，最后只会跌得更惨。

电影《一代宗师》里有这样一句话：人活在世上，有的人活成了面子，有的人活成了里子。

别让自己为了面子而活，被假精致所绑架。内心真正丰富充盈的人，才可以拥抱真正的精致。

共勉吧，小妖精们。

胖着玩玩这件事，不要太贪玩

> 你有没有想过，七世命运扼住你的喉咙，不是为了掐死你，只是想让你别再吃了。

不幸的经历使女人发胖，食物给她们带来安慰，躲躲同学就是其中一个。

躲躲曾经也是位苗条姑娘，体重一直维持在两位数，身边的姐妹们都羡慕不已。在学校里，躲躲或许称不上是女神，却也是个不折不扣的美少女。

当时追求躲躲的男生不少，而真正让躲躲动心的，是他们班的班长，长相英俊，体贴细心。确定关系后，感情一直顺风顺水，本以为这段校园爱情会走进婚姻殿堂，可最后还是遗憾地结束了。

大四实习期间，躲躲去了上海，班长去了北京。在恋爱三周年那天，班长请假大老远赶来和她一起庆祝，还因此错过了一项实习考核。

半年后，班长发短信分手，扔下一句：一切就怪异地恋吧。

躲躲一个人横跨马路，不顾路人的目光，一路流着眼泪走回了家。

躲躲把自己关起来一周还是决定去见对方一面，把事情讲清楚，便订了去北京的机票。

到对方公司楼下时，躲躲发信息给他，却没有回应。一直到午饭时间，躲躲站在马路对面，看着那个她曾经几度想嫁的男人，牵着另一个女孩的手走了出来。

的确，有些事没必要非要追问一个答案，你看看他做过的事，就是答案。躲躲没有跑过去撕扯着对方质问，因为分手的原因，她在那一刻都明白了。

回来后的躲躲，整个人像是失了魂，什么能为她带来安慰呢？

新欢？她说自己需要缓缓。

工作？拼命加班后深夜到家还是会想要流泪。

最后躲躲选择了食物。

那段时间，只要她醒着，零食从来不离手，点外卖、吃夜宵、喝汽水。短短一个月的时间，躲躲体重从最初的 90 斤飙升到 115 斤，衣服从 S 码撑到了 L 码。

当第 N 次听到时装店的店员说“不好意思，我们店没有您的尺码”

时，躲躲才渐渐回过神来，开始后悔当初的自暴自弃，也下定决心减肥，甚至再也不吃零食，可惜没坚持多久，肚子上的肉软了又圆，圆了又软。

最后躲躲想想算了，就任由身材横向发展，不加克制。整个人性格变了，自信也没了，在别人面前不敢言语，总觉得自己比别人差。

那些总是说世界黑暗，随随便便向欲望妥协的人，怎能体会到生活真正的意义？

不要怪命运不公，爱情不明。如果你觉得自己就这样算了，其实是自己抛弃了自己，别人又如何拯救你。

生活不会抛弃每个人，除非你不够热爱。

风浪越大，你越浪才是年轻人该有的心态啊朋友。

变美、变瘦、变好看，并不是为了给你喜欢的人看，还要给不喜欢你的人、不认识你的人、不在乎你的人，最重要的是给你自己看。化美丽的妆容，穿得体的衣服，不允许身上出现多余的赘肉，这是对你自己的不辜负。

几年前，公司有两个同期入职的女孩，学校都是名校毕业，工作都是争分夺秒、手脚并用地去完成，业绩口碑不分上下。那会儿，公司中层调岗，空出一个位置，机会落在了她们两个当中。但最后，好运选择了那个比较好看的姑娘。

另一个女孩质疑公司的公平机制，愤然辞职。其实原因并没有什么玄机，也不是潜规则，而是当时的老总相信，美貌是职场竞争力的一种。尤其对他们公司来说，升职那位更注重自己的形象，倒不至于说代表公司形象，但至少出去和客户谈合作，不会在初次见面时减分，不会让对方质疑我们的专业度，成功率会更高一些而已。

用升职的女孩的话说，我们每个人在学校都修过礼仪课，学校总不会毫无道理就开这门课吧，只是有人不在意而已。

其实，她也并不是天生五官精致的女孩，只是精致的妆容、有风格的穿搭，把整个人都凸显得特别有气场。

职场偏爱善于打扮自己的女性，这并不难理解。**以貌取人已经不是什么新鲜事，以貌待人也是经常发生的事情。所以，一味标榜内在而忽视美貌，也是一种肤浅。**

我知道，一定会有人说每天工作很忙，生活不易，一个星期有四天要加班，下班之后可能还要去上个培训班。没空约会，没空逛街，好不容易得来的闲暇时光，只能追着一部部韩剧，换着男明星喊“老公”。可二十几岁的年纪，真的打算纵容自己这样丑下去吗？真的要让自己大好的青春在乏味、油腻中耗光吗？

拜托你，快醒醒吧，趁胶原蛋白没有完全流失前，拼命折腾下你转瞬即逝的青春吧！

通勤日的时候，时间来不及也要化一个显气色的妆，包里再带上一支口红，赶路可以穿运动鞋，到了公司再把高跟鞋换上。纵然是加班，也不要让自己像一个霜打的茄子。回到家后，用躺床看剧的时间，多抻抻腿瘦瘦腰，好习惯都是日复一日养成的。

虽然人们总是强调，不要过分关注一个人的外表而忽视了其内在的品质，但你要明白，你就算是一个品牌，外在廉价，又怎么让人相信你货真价实?

你控制不了自己的皮囊，再优质的内在都会失去支撑。一胖毁所有，多出来的赘肉时时刻刻都在暴露自己的懒惰和放纵，或许我们都有这样那样的缺点，但让自己糟糕的外在毁掉了原本优秀的内在，才是最大的遗憾。

到处都在打鸡血喊努力，但不能从自身做起的努力都是假象。连自己的嘴都管不住，那你的其他努力似乎都不值得信任。

有空当“柠檬精”不如多喝点柠檬水，别整天酸溜溜地嘲讽那些又瘦又美的人是“红颜祸水”，更不要以“红颜薄命”来宽慰自己的丑。

白雪公主是因为美貌被王后嫉妒，但同样也是因为美貌，被猎人放走、被小矮人收留、被王子吻醒。

20 岁时拥有的脸庞是父母给的，30 岁后的容貌是生命与岁月雕琢而成的。

换句话说，年轻时候，无须粉黛，亦能光彩照人，熬夜熬出的黑眼圈，只需第二天补一觉，醒来依旧美美的。偶尔起个青春痘，不用太理会，几天就消失不见了。可一不小心晃过了 30 岁，你会发现，老天说的话都不算数，爹妈给的也要收回。人到中年，还不肯自我约束，除了失去美貌，你还弄丢了健康。

有句话说得好："喜欢一个人始于颜值，陷于才华，终于品格。"

是始于颜值。如果你和他没有一见钟情，那多数原因是"死于"颜值。

变瘦变美这件事有着某种特殊力量，你减的不是肉，是对生活的抱怨、不堪、曲解和苦痛。你获得的也不只是马甲线，而是对生活的自信、积极和斗志。所以，胖着玩玩这件事，希望你不要太贪玩。

永远不要抱怨生活亏欠了自己，也永远不要真的相信"胖女孩也可以超级可爱，软乎乎的才显得呆萌"之类的话。

美，对女孩子来说到底有什么意义呢？

我觉得它是一口仙气，不管世界如何对你恶言相加，你都可以靠这口仙气吊着自己，在无数个以为自己快要撑不下去的时候，将你从悲伤中拉回来。只要你还爱美，仿佛一切就都有希望。

人最好看、最可爱的样子，就是那些在为自己努力的样子。你为自己倾注的心血，都是具备能量的。

别让生活的残酷，打扰你的快乐

没能成为小时候想成为的那种人，是大多数人的无能为力。

约了姣姣聊选题，我提前到写字楼下的便利店等她下班。

有个女孩坐在我旁边的座位上，一边小声哭一边拿着手机说："没关系，我没事。"她的手提包大敞着，钥匙、银行卡、零钱、口红散落在桌子上。

我的记忆突然被拽回一年前的一个晚高峰，我在地铁上，接到大学室友的电话。只是这一次不同以往，电话那头没有传来她平日清朗的笑声，而是嘤嘤的抽泣声："没什么事，我就是想你了，真的……就是……想……你了。"因为哽咽，她的话说得断断续续。我张了张嘴，却又不知道该怎样安慰。只能静静地听着电话那边她极力想要隐藏的委屈，和电话这边地铁里令人烦躁的嘈杂。

我记得那次，到最后挂断电话，室友也没有告诉我她究竟怎么了，发生了什么。我想，或许是工作不顺利，被领导批评了；或许是和恋人吵架，委屈伤心了；又或许是在为下个月的房租而担心……

姣姣这时候进来，问我晚餐想吃什么，我递了个眼神给她，她回头看看那女孩。我低声问她："我看她情绪不太好，要不要过去问问。"

"人家又不认识你，你过去问反而会吓着她。成年人了，谁心里还没点事，估计就是难过一下，没事儿。"

出门前，我去买了三瓶热饮，回来的时候那个女孩已经离开了，原本我是想递给她一瓶。

忽然想起有次朋友深更半夜发来信息，"我已经加班加傻了，现在准备回家。"

我叮嘱她要注意安全后，便翻开她最近的动态。

照片里的她倚着斑驳的老墙，对着苍山洱海发呆，又或是挥着羽毛球拍，自信的笑容上沾着汗水……这怎么看都是个文艺又热血的姑娘，好像时时刻刻都充满着活力。

谁又能知道，此刻她漂亮的脸蛋上挂着极不相称的黑眼圈，在深夜的马路上紧紧地裹着围巾等出租车。

生活常如此，有些人看着你的照片会说这个人过得真滋润真潇洒，然而实际上，你或许过得确实不差，但你绝对没有照片上那么轻松。光鲜亮丽的背后，都曾熬过无数个不为人知的黑夜。没人知道你一个人走夜路时的心惊胆战，也没人知道你熬夜加班时的辛苦，更没人见过你深夜里哭肿的双眼。

有的时候，假装坚强，是为了不让人看出脆弱；假装高兴，是为了不让人看到伤口；假装轻松，是为了不让人发觉无助。

明明脆弱，明明孤独，明明疼痛，却又要将一切掩饰，不能再像个孩子一样痛快地哭一场了，我们想让人看到的自己永远是精神饱满的笑颜。

烟花不会告诉你，它化作尘埃前是怎样的温暖。就像你的脸上一派云淡风轻，却没有人知道你的牙咬得有多紧；你的生意做得风生水起，却没有人知道你差一点破产时烈日下的东奔西走；你走路带着风，却没有人看得到你膝盖上还未消散的瘀青；你脸上带着笑，却没有人知道你转过身后的无声落泪。

有时候，真的觉得熬不下去了，只想抱头痛哭一场，可是，你手头上的工作还没做完，你预设的目标还没有实现，连人生都还没有走过 1/2。你知道自己根本没有资格哭泣，因为眼泪是给胜利者的奖赏，而生活总有奔头。于是你只能对自己笑一笑，继续埋头赶路。

有无数次，我身边的人，包括我自己，都会有被生活压迫到想要灵魂出窍的感觉。面对做不完的PPT和改不完的方案，甚至还要面对一些内心非常不屑但又必须去面对的人。很多次，我们都会忍不住在心里咆哮：“这不是我想要的人生啊！”

当我们年纪还小的时候，哪个不曾怀揣英雄梦想。但是日复一日，生活中那么多不甘和苟且就会把我们折腾得腿脚瘫软，别说当英雄了，想当条日子顺遂的咸鱼都很难。

人活着，本来就是要在各种无可奈何的状态里挣扎。没能成为小时候想成为的那种人，这是大多数人的无能为力。

进入瓶颈时的焦头烂额，进步甚微时的心灰意冷，看着别人追剧打游戏心向往之却不能做时的烦躁犹豫，辛辛苦苦学了好久却毫无用武之地时的失落和懊丧。

这是我们每一个活生生的人，都遇到过的事。只是这些细节，不能与人言，也不足与人言。

所谓好好生活，学会坚强学会长大，不是说说而已的。不管你现在是一个人走在异乡的街道上始终没有找到一丝归属感，还是你在跟朋友们一起吃饭开心地笑着的时候闪过一丝落寞。不管你现在是在努力着去实现梦想却没能拉近与梦想的距离，还是你已经慢慢地找不到自己的梦想了。

你或许会难过，或许会歇斯底里。但只要你熬过去，就都会慢慢好起来。很多年后，当你回忆过去，很多人和事你都会忘记，唯一能证明你存在过的，只有你用力走过的路。

20 多岁是个不知所措的年纪，一切都那么不尽如人意。我们会领教世界是何等凶猛，如果你现在过得不是那么顺心，其实挺正常的。

生活啊，就是个长期受捶的过程，在每一个暴击下，比的就是谁更扛揍。但愿你别在年纪轻轻的时候，对痛苦束手就擒。

容易幸福的人，一般都有点健忘

动画片《龙猫》里，有这样一个片段：小月和小梅和爸爸一起搬到乡下，在屋子里发现了“灰尘精灵”。邻居婆婆说那是因为房子久无人居而产生的灰尘和煤烟，它们和人类居住在一起，而且怕光。爸爸说：“不如我们一起大笑看看，可怕的东西就会跑光光了哟！”

这种有趣的事令姐妹两人不再害怕这些共处一室的“朋友”，对新奇的乡下生活也充满了期待。

生命中总有那么一段时光，充满不安，生活窘迫，工作失意，学业有压力，爱情惶惶不可终日。好像身边有着一只藏在角落的老虎，我们看不清它的轮廓，但却感受得到它在暗处凶神恶煞地瞪着我们。

烦恼、困境、煎熬都是这样的老虎。

我知道你害怕，害怕命运不偏爱你，害怕所有的努力都是徒劳无功，害怕一生碌碌无为，梦想干瘪得不像话。

我知道你害怕，害怕丘比特的箭射不到你，害怕找寻不到相互欣赏的人，害怕那个对的人已经放弃了寻找自己。

我知道你害怕，害怕自己到不了想去的远方，害怕不能有一点小任性去做自己喜欢的事，害怕不能让爱的人满意。

正是这些害怕，在你的心上，上了一把把枷锁。你对它们无能为力，这些讨厌的家伙又时不时地出来恐吓你。

这种害怕，其实从我们来到这个世界上，它就已经存在了。

小时候，害怕是雨夜里的白色闪电，是故事书里会吃人的狼外婆，是弄丢了心爱的玩具。

少年时，害怕是那道解不开的数学题，是藏在书包里的情书，是对未来的犹豫不决。

再后来，当你走过一段路之后回头看，真正能被记得的事好像没有多少，真正无法忘记的人也屈指可数，真正有趣的日子不过就那么一些，而真正需要害怕的也是寥寥无几。

我们的一生注定会遇到让自己难受的事、伤害自己的人，以及难以达成的目标和梦想。但如果因为害怕而放逐自己的心灵，因为胆怯而错失了美好，那么终将一无所有。

生活也许有点丑，但你笑起来会很美。当你笑起来，生活也会跟你一起笑起来，那些可怕的家伙们，也会被吓跑。用你的笑容去改变这个世界，别让这个世界改变了你的笑容。生活里本没有绝对的是与非，别在是非之间劳心费神。

在一切变好之前，我们总要经历一些不开心的日子，这段日子也许很长，也许只是一觉醒来。抱最大希望，尽最大努力，做最坏打算，持最好心态。记住该记住的，忘记该忘记的，改变能改变的。

曾有一个有趣的调查：世界上什么人最幸福?

令人感到温暖的答案有很多：吹着口哨欣赏自己刚完成的作品的艺术家；给婴儿洗澡的母亲；正在沙地上堆城堡的孩子；劳累了几小时终于救活了一个病人的大夫等等。

但最打动我的，是有人说："幸福很麻烦吗？把烦恼忘了不就行啦。"

原来，不是生活日复一日重复导致了枯燥、无聊、苦闷，而是你对不美好的事情不能释怀，把气重复撒在了日子里，才会感觉不到幸福。

有喜有悲才是人生，有苦有甜才是生活。无论是繁华还是苍凉，生活一直在前行，从未停止。

芳春，炎夏，清秋，隆冬，四季并不因我们的悲伤而停滞；太阳不会因为你的失意，明天不再升起；月亮不会因为你的抱怨，今晚不再降落。在一件别扭的事上纠缠太久，你会烦、会痛、会厌、会累、会神伤、会心碎。实际上，到最后，你不是跟事过不去，而是跟自己过不去。

容易幸福的人，一般都有点健忘。

遗忘那已经过去的坎坷和委屈，把更多的精力用来记取眼前的快乐和未来也许会出现的曙光。这不但是感恩生活，更是让自己过得好一点的方式。

放手如同那颗坏掉的牙齿被拔掉的那一刻，你会觉得解脱。开始舌头总会不由自主往那个空空的牙洞里舔几次，后来习惯了也就无所谓了。学会放下，是一种生活智慧，是一门心灵的学问。有些事是不必一直在乎的，有些东西是必须定时清空的。放下该放下的东西，你才能够腾出手来，抓住正在朝你赶来的快乐和幸福。

那些看起来整天面带笑容的人，并不是因为他们事事顺利，只是他们比你敢于面对问题、善于遗忘不幸、勇于拥抱未来。

上天为我们安排这些磨难与挫折并不是想考验我们能否一笑而过原地复活，太多的经历我们都不可能一觉之后便从容面对，这些磨难的安排其实是让你学会去承受痛楚，学会在困境中安然地成长，学会在逆风中继续前行，需要你做的只是走过去，既不丢盔卸甲，又不强颜欢笑地一步步安然地走过去。

所以，你只有不停跌倒，才能学会怎样用自己的力量站在大地上。

你不会发现自己到底有多强大，直到有一天，你发现你身边的支点都倒下了，你也没有倒下。没有人能打倒你，除了你自己，你要学会捂上自己的耳朵，不去听那些熙熙攘攘的声音。

那么多当时你觉得快要要了你的命的事情，那么多你觉得快要撑不过去的境地，都会慢慢地好起来。就算再慢，只要你愿意等，它终将成为过去。

永远不要用你的过去判断你的未来。

如果你还没有得到你想要的，不要灰心沮丧，不是你不配，而是你值得拥有更好的。所以耐心些，给好运一点时间，别畏惧暂时的困顿，即使无人鼓掌喝彩，也愿你全情投入，优雅坚持。

每晚睡前，原谅所有的人和事。闭上眼睛，清理你的心。过去的就让它过去吧，无论今天发生多么糟糕的事，都不要让眼泪流到新的一天。不论是工作还是爱情，有时不必把自己拖得太累，学会放下，放下不切实际的期待，放下没有结果的执着。什么都在失去，过去的就别再翻回去，值得你在意的，唯有当下的快乐和即将到来的幸福。

应对未来唯一有效的方法，就是把今天的事做得尽善尽美；应对过去的明智之举，是踏着往事上路。这一辈子的幸福与苦难，绝对都在你的承受范围以内。生活比你还要了解你自己，它可狡猾了，它给你的苦涩，永远让你失望而又不至绝望，而给你的甜蜜，永远让你浅尝即止而充满想头。

路途遥远，未来发生的，才是礼物。

有时候日子会很难挨，像头顶乌云行走，无论奔跑、蹲下、闪躲，都没有阳光。但是人生需要自带希望，坚定不移地认为一切都会好，心灰了，就什么都好不了了。天上有光，会照在你身上，你心里有光，就会照在天上。

所以，耐心点，给好运一点时间。

△ 没有人会真的穷到身无分文，只不过是赚钱的速度跟不上扫码支付的速度，支付宝的余额填补不了心里的欲望。

△ 一个人无须去碰触那些他不喜欢的肉体，无须去回应那些他觉得毫无意思的词句，无须去拥抱那些他从未为之心动的灵魂。

△ 我们总是太满足于“想到某个主意”，却永远把真正的行动留到明天去做。所以，你需要的不是崭新的开始，而是行动，创造一个崭新的结局的动力。

△ 和那些热气腾腾的朋友在一起吧。是他们的大吃大喝大笑，拉拉扯扯打打闹闹，才把你从不敢求助的孤独里拽出来，推推搡搡若无其事地拥着你向前。他们让你在日常的冷寂里感觉到年节的温暖，你不知道该如何表达那种感觉，但你开始相信人生花团锦簇，终有一刻会和自己有关。

△ 如果一个人称赞你，你会觉得客套；可如果一个人骂你，你会觉得那是他真心的。仔细想想，这就是你不快乐的原因。

!!!

自带流量的治愈力

成长就是，从前难过的时候，油盐不进，茶饭不思；现在能一边流眼泪，一边去厨房给自己下碗面，还不忘加个荷包蛋。

别把自己活成一团糟糕的情绪

> 对这个世界绝望是轻而易举的，对这个世界挚爱是举步维艰的。你要学会在川流不息的人群里，怀揣着自己的颜色，去往一心向往的地方。

最近翻老照片，想起了一些事。

我读高三的时候，有次模拟考试成绩很糟糕，被老师叫到办公室狠批一顿。一整天都闷闷不乐，放学回到家拼命背政治题又死活记不住。这时候我妈妈推开门进来，问我要不要吃点水果，晚饭做了我喜欢的排骨汤。

似乎在那一刻，我终于找到了情绪宣泄的出口，冲着她大声喊道："我在写作业，被你一吵什么都忘记了。想吃水果我会自己拿，我又不是没有手，你能不能不要每天都这么烦人？"

我妈妈愣了一下，轻轻地关上门便出去了。我妈妈有什么错，就因为我心情不好，她莫名其妙地就成了我的出气筒。

刚刚工作那年，我因为没有发现合同上的一处纰漏，被领导当着整个部门同事的面数落，心情失落极了，觉得又懊恼又丢脸。

到了周末，我便去公司加班一天，这口气憋在心里实在难受。周末我们一群朋友聚餐，跟男朋友说好了，晚上他来接我下班，我们一起过去。可偏偏他那天因为别的事情耽误了，问我能不能自己打车到烧烤店。我突然就爆发了，在电话里狂吼："不来接我为什么不早说？现在下着雨，我根本打不到车，我不去了，祝你们吃得开心。"

男朋友在电话里半天没声音，我狠狠挂了电话。男朋友有什么错，是我坏情绪没处释放，急需找人当受气包。

独居的第一年，我经常料理不好自己的生活。有一次，因为预约来修水管的师傅爽约，导致家里两天没有供水，日常生活受到了影响。我顶着已经出了油的头发，正发愁去哪里洗漱的时候，闺密打来电话，"天气好，出来浪啊，烧烤配小啤酒怎么样？"我不知道哪根筋搭错了，阴阳怪气地回她："我今天要加班，家里卫生也还没收拾，你倒是闲，你浪去吧。"

闺密弱弱地说："好，那你先忙。"闺密有什么错，我才是那个糟糕的朋友吧。

或许这三个故事看起来没什么特别，但其实糟糕就糟糕在，我们对这些坏习惯习以为常了。把最坏的情绪，丢给最关心、最在意自己的人，仗着他们对我们的耐心、宽容，便肆无忌惮地将本不该由他们承受的情绪发泄到他们身上。现在想想都是悔恨，如果可以重新来过，我宁愿跑到大街上对着空气把这辈子学到的脏话都骂一遍被人当成神经病，也不愿给亲人或恋人一分一毫的伤害。

谁惹你生气，你就去找谁。爱你的人，不该为你背坏情绪的锅。

周末，我窝在家里写稿。接到可心的电话，对面恶狠狠地说："小天这个浑蛋把我微信给拉黑了！"

别误会，小天不是她男朋友，是我俩共同的发小。

"小天在跟你开玩笑呢吧，别在意啊，回头我说说他。"我一边说，一边保存稿件。

"我昨天给他发微信，他爱搭不理回了我几个字。今天再发信息发现消息被拒收了，打电话也不接。"可心歇斯底里地喊着。

挂断可心的电话后，我打给小天，想问问是怎么回事，我并不相信小天会真的拉黑可心。

等我联系到小天，才明白状况。原来可心在新公司被几个同事排挤，工作进展得不太顺利，心情不好找小天倾诉。这本来没什么，谁没有当过好朋友的垃圾桶呢。

但可心几乎每天都要找小天聊天，一聊就是两个钟头，一点小事来来回回重复。总结下来就是这几点"有烦心事、周围人很讨厌、人生不公平、觉得自己一无是处……”小天说可心的话他都快背下来了。

工作上的糟心事总算过去了，可心又开始诉说家庭的烦恼。

“我妈又在话里话外催我结婚，不结婚就是异类吗？”“我同事最近总分享一些高级餐厅给我，那根本就是情侣才会去的地方啊，你说她是不是故意的？”“上次我舅妈给我介绍的相亲对象，我不想去见，好烦哪。”

小天作为一个钢铁直男，实在是受不了可心没完没了的碎碎念，于是索性拉黑了她，打算等可心情绪恢复正常，大家再见面喝几杯。

“那你就跟可心直说呗，你把她拉黑，她气得快爆炸了。”

“我说了自己最近加班，有个很重要的项目公司交给我了，我得好好完成。可心完全不理会我的情况,每天还是照样微信和电话一起轰炸，真希望她有男朋友，我就解脱了。”

“好啦好啦，我知道了，我替你和可心解释。”

“你最近写稿子很累吧，可别被她缠上，让你分分钟灵感跑光。”

随后我回电话给可心，告诉她，小天并非真的要跟她绝交，不过是最近太忙，要安心工作。

“你别放在心上，调整好自己。我继续写稿子喽。”

可心一下子大哭了起来，“你们是不是都不想理我了？”

“怎么会呢，当然没有。我们只是……”

只是什么呢，我一时语塞。

我看过这样一段话：大概每个人的生活中都有几个这样的朋友吧，心眼不坏，但是长期定居在负面情绪里，其实没有遭遇多大的不幸，就是长期保持着不开心，他们能从各种小事里猜测这个世界对自己的恶意。你努力地想让他开心起来，可每次掏心掏肺的安慰都像是一支药效很短的镇定剂。久而久之，想帮助他的自己越来越疲倦了。

当你哭得像个泪人在别人面前求安慰，虽然大家会摸摸你的头，或者给你个拥抱，说些符合你当下情绪的暖心话，但短期治愈后，你又不停地、一次又一次地去揭开伤疤，先不管重复“上药”是否还有疗效，你不会疼吗？伤口又什么时候才能痊愈呢？

这世间其实从无感同身受，大家都被生活折磨得遍体鳞伤，让别人全盘接住你的难过，是件不容易的事。

人情之外，希望我们都有勇气学会一个人跨越山川湖海。无论你想做入世的强者、出世的智者，还是温暖阳光的普通人，都不能在面对坎坷时，靠别人来做你随叫随到的摆渡人。

有时候，生活就像是乘坐情绪的过山车，情绪来的时候好似黑云压城。情绪失控，然后生活也跟着失控。我们高兴，难过，欣喜，失望，也曾一蹶不振，好像在那个自己给自己框住的小范围内打转，怎么也走不出来。

谁都有过那么一段时光，高兴了就想要昭告天下，普天同庆，难过了就疯狂地更新社交状态，将自己的伤口毫不掩饰地曝光于众。那时的我们青涩稚嫩，被情绪牵着鼻子走也不自知，对撒娇求安慰这种事一点都不觉得不好意思。

恰好，那时候我们的欢喜悲伤也不缺观众。无论你是跌倒了、考砸了，还是失恋了，转个身就会有朋友的“别怕，我们在这呢”。我们天真地以为，这一辈子的眼泪都会有人关注、承接。

可长大后，每个人每天面临的事情铺天盖地，时间不同步，距离不靠近，面对的事情又不一样，妄图维持“别怕，我随时在”的友谊，是违背成年人友谊规则的。

世界并不总是温暖的，我们除了学会坚强着，忍耐着，熬过去，似乎也别无他法。

如果你想问，什么是一个人最好的状态?

我想，那大概是，心里装着远方的时候不害怕前行，在外漂泊的时候不怯于艰辛，恋爱的时候全心全意，一个人的时候享受孤独，不拒绝温暖，也不轻易依赖谁。你能够允许自己不懂得他人，也允许他人不懂得自己；不试图凌驾他人的意志，也不轻易投身于他人制定的标准里。

在这个世界上，除了你自己，没有人有义务让你高兴，没有人能代替你痛苦，更没有人有足够的时间和精力来指导、督促你怎样成长。

不是反对你和他人倾诉，而是要学会适度。树洞也会疲倦，有时候，树洞也想听点好消息和笑话解解闷。你的疲惫和故事，要试着变成自己成长的养分，而不是抱怨生活的素材。

亲爱的，人不能活成一团情绪。当你的情绪处于低潮时，对任何事情都提不起兴趣，要学会转移注意力。有些事情既然不如你所愿，就尝试着去接受，去面对。一个人不可能改变世界，世界也不会因你而改变，若身边没有马上出现一个能懂你哄你的人，那你所能做的，就是适应世界，不去钻牛角尖。

当你被你糟糕的情绪控制时，时间并不会为你停止。

刷朋友圈刷到大学同学买房了，高中同学在塞班岛晒太阳，邻居那位新婚姐姐晒了老公给她做的爱心早餐，讨厌的女生找到了帅气又多金的男朋友。在种种对比下，大家都过得很好，好像唯独自己没钱、没房、没爱人，甚至连出去旅游的时间都没有，过得真失败。

可究竟是别人强大，强大到能让你 diss 自己，还是你自己本身还不够强大，轻而易举就被他人影响？

很显然，答案是后者。

那些如同神一样的牛人，那些看起来总是赢得毫不费劲的人，都在你看不见的地方付出了很多努力，他们已经学会了把抱怨的时间用来做该做的事。

在你被他们的光芒吸引的时候，却不会看到他们熬夜的倦容。他们身上有光，是因为他们也默默扛下了黑暗。

越长大越觉得世界真是太薄情，慢慢消失的依赖感和渐渐消失的温暖。失恋、失业、失去，每一件都是可以击中你的武器，都是一把能刺穿你的利剑，然后你感到悲伤汹涌而至，无以复加。可翻遍整个世界，发现好像只有自己能治愈自己。

这个时代很焦虑，也很浮躁，外界对个人的影响也很大，很多人过着让你嫉妒到眼红的生活，别人随便的一句话能让你难过很久，生活中随随便便发生的一件事，都有可能让你掉下眼泪。你会失落、失望，觉得自己不如别人，这些都很正常。

当一个人发现，那些曾经让你最难过的事，终于有一天可以笑着说出来时，他便真的明白了成长的意义。不再怨天尤人，只是感谢，因为它们都是独属于自己成长道路上的宝藏。

对这个世界绝望是轻而易举的，对这个世界挚爱是举步维艰的。你要学会在川流不息的人群里，怀揣着自己的颜色，去往一心向往的地方。听完这首歌，熬过这个夜晚，踏上新的旅途，继续跌跌撞撞，仍然做挚爱这个世界的人。

人之所以孤独，是因为不敢迈出第一步

从前觉得一个人是一件很苦的事情。过了几年后，发现其实一个人是一件很酷的事情。这苦与酷的差别，其实在于你有没有学会讨自己的欢心，有没有懂得如何与孤单相处。

上个周末，我一个人在家吃了火锅。我酷爱火锅，身边的朋友都知道，我一直都说，世界上有 90% 的烦恼可以靠一顿麻辣火锅来解决，如果不行，那就再来一顿。

这次的火锅底料是海潮同学从重庆寄来的，肉和菜是我带着狗狗一起下楼买的。每一次在遇到工作打击，筋疲力尽时，我都会选择在味觉里休憩灵魂，喂饱自己备受冷落的身躯。此刻，吃是一种慰藉；食物，是一种补偿。

好吧，说得这么好听，还是掩饰不了我的孤独。

不过这样孤独的时刻对我来说，真的太多了，多到像菜市场的香菜叶……比如，圣诞节期间超

市的打折活动很多。吐司面包买一送一，纯牛奶买一箱送十袋，薯片买两袋送两袋，就连卫生卷纸都是买一提送一提，可我仍旧每样只拿了一件放进购物车里。

比如，要好的朋友与我不在同一个城市，她在朋友圈分享旅行照片，与她合影的人我并不认识，她穿着新买的裙装，配的文字我也未能看懂。我不知道她下一站要去哪里，又遇见了哪些有趣的人。

比如，去看喜剧电影，笑点不少，坐在我前排的姑娘倚在男朋友的肩膀上笑个不停，而我只是默默看，不出声。不是我笑点太高，而是很多东西需要互动，才会有趣。

比如，每一次在热闹的聚会结束后，大家挥手告别，各自搭上车离开，看着夜色里渐渐安静的城市，突然就懂了，什么叫作狂欢后回到家，孤独会再次将你打回原形。

比如，赶稿子的时候，经常熬夜，很困很焦虑，但不想睡，很想找人说说话。夜已深不能打给父母，并且我对家里从来报喜不报忧，即便我真的没事，爸妈也会因为我的突然来电而多想。通信录列表从前到后翻了几个来回，嗯，算了，睡觉吧。

比如，一个人去医院挂号，看医生，做化验，等结果，下楼排队拿药。来看病的人不少，医院走廊很吵，但仍盖不住消毒水的味道和医院本身自带的冰冷磁场。

工作的第一年，我去牙科诊所拔牙。还没打麻药，我的眼泪就开始止不住，医生和护士安慰说："小姑娘你别害怕，我们这还没开始呢。"嘴巴里塞着酒精棉，我说不清话，只能点点头。只有我知道，我并不是害怕拔牙，我只是害怕一个人。

读到过这样一段话："孤独这两个字拆开来看，有孩童，有瓜果，有小犬，有蝴蝶，足以撑起一个盛夏傍晚的巷子口，烟火气人情味十足。可当这些都离你而去时，这就叫孤独。"

孤独的滋味不好受，是一种身处黑暗拼命伸出手去触摸光亮，最终却仍然两手空空的失望。

曾在网上看过这样一个话题：一个人独自在一座城市生活是什么体验？

每条回复都让人看着心疼。

"月底总要吃几天泡面才能度日，冷风中舍不得为自己打一辆出租车。"

"一个人在加拿大生活了四年。一个人搬家，买家具，一个人做饭吃饭，自言自语。"

"失恋那天跑到男朋友家楼下喊他的名字，后来下了大雨，他也没有出来。"

"感觉自己在女汉子的道路上越走越远，回不了头了。"

“在泰国的小镇教汉语，常年30多摄氏度高温，被蚊子咬了就赶紧量体温，怕染上登革热，住的木屋四处透风，打死了十几只蜈蚣，屋里进了两回蛇都熬过来了。”

你看，我们都一样，年轻又孤独。

一个人吃饭，去买了杯可乐，再回来时发现没吃完的餐盘被收走了；一群人同行，蹲下系鞋带，再抬起头看见越来越远的背影；冰激凌一口没吃，就被旁边的人撞在了地上；付款时，界面显示余额不足；今天遇到了很开心的事，但并没有人分享；自己去看一场电影，坐下后才发现眼镜忘带了……

我们常常有被世界遗弃的感觉，孤独、无助、迷茫。或许也会偷偷问自己，为什么要从一个地方辗转到另一个地方，从一个国家奔波到另一个国家？

其实，答案已然在心中，还不是因为青春正盛，觉得自己必须到一个更大的世界里去硬碰硬；还不是因为我们想要一个像万花筒一样，永远神奇莫测，每一次都充满惊喜的世界。

这一路，寂寞比有人陪的时间要多，或许会感到孤立无援，或许会分不清谁才是真正对你好的人，或许在泥地里爬过，在错路里迷失，还没有一点收获。

生活时不时给我们放一发冷枪，哭与闹都没用，尽管不得不承认很多时候真的快崩溃，快无法承受了，但还是挣扎着告诉自己“没事的，会好的”，然后将所有的情绪咽回肚子里。不管昨夜的我们是多么泣不成声，第二天醒来，城市依旧车水马龙。

慢慢地，我们会明白每条路都是孤独的，我们会相信没有什么人会永驻身旁。有些事，只能一个人做；有些路，只能独自走过；有些黑夜，只能独自穿越。这跟你是否孤独和你能力大小都没关系，这只关乎你自己。试着学会自我调节，在跌跌撞撞中依旧热爱世界。学习接受挫折，摸爬滚打中依旧热血前行。只要还有爬起来的力气，就不要让自己躺在地上太久。路的尽头不见得跟我们想象的一样，但你总要走过去看一看。

当你变得成熟、理智、清醒、稳重的时候，你终于明白，孤独不过只是人生对每个人的考验。你甚至有些感谢那段不为人知的岁月，因为是那段时间成就了现在的你，让你内心变得坚定澄澈，对自己想要的生活有了清晰的规划，最重要的是，你学会了用力生活，学会了在看清生活的真相之后仍然热爱它。

我从前试过很多方法和孤独作战。比如和朋友组队玩游戏、瞪着双眼等天亮、听完了所有的歌重新再听一遍、一遍又一遍刷热门微博，又或者是发了一条动态：“还有和我一样没睡的吗？”无非是想要找到一个同样失眠的人。

如果这些你还没尝试，并且打算试试的话，那我劝你不用试了。

这些我都做过，但通通没能让我摆脱孤独。所以，别指望着有人可以替我们驱除孤独，我们向对方索取的，往往是对方同样无法从我们身上获得的，获取安慰就是其中一个。所以，你要试着与孤独相互驯服。

过分的独立，其实是不懂爱

我有一个很要好的朋友，有段时间过得极其糟糕，家庭和职场的双重打击让我们都担心她一个人在国外会撑不下去。可不知道从什么时候开始，她整个人像脱胎换骨了一样，她开始健身，开始学烘焙，还去参加了成人绘画课。

她说，她想明白了，与其把时间浪费在惶惶不可终日上，不如把仅剩的热情全部集中到自己身上，拼了命地变好。并且连她自己也没想到的是，明明只是绘画体验课，消磨时间，却激发了她隐藏多年的艺术细胞，越画越有感觉。去年立秋那天，她给我邮来她在绘画课上的作业，一幅满是向日葵的油画，右下角一行细细的字：秋天快乐，笑容常驻。

每一个人，都要走过很多的路，经历过生命中无数突如其来的繁华和苍凉后，才会变得成熟。正是这些时间证明了你的成长，证明了你所有的颠沛流离是为了破茧成蝶，你花费的力气和青春没有白费。

别总是想着与孤独拼个你死我活，你可以试着不刻意去感受它，试着去善待它，甚至利用它。利用孤独的力量创作出一些东西，或许在最初无人问津，但在恰当的时刻它会产生出巨大的价值。

一个可以享受孤独的人，他的灵魂一定是充盈的，在他的世界里，他可以做自己的王。

上个月我一个人去看了刘若英的演唱会，她的声音依旧温暖，大家跟着音乐的律动挥着荧光棒。我们互不相识，但因为拥有共鸣而点头微笑。

上周我去上花艺课,和一群热爱生活的姑娘。虽然我有些笨手笨脚,但在整个制作花艺造型的过程中，我暂时忘记了生活中那些大大小小的麻烦事。

上上周我窝在咖啡馆看书，再抬头已经天黑。我裹好围巾准备去搭地铁,没错,我依旧形单影只,却感觉充实和幸福。一个人,或许空旷,但并不寂寞。

从前觉得一个人是一件很苦的事情。过了几年后，发现其实一个人是一件很酷的事情。这苦与酷的差别，其实在于你有没有学会讨自己的欢心，有没有懂得如何与孤单相处。

我们必须承认，生命中大部分时光是属于孤独的，努力成长，是在孤独里可以进行的最好的游戏。

孤独或许难熬，但这是你人生的一部分，不管是在人前人后，还是挫折不断的时候，愿你都能保持自我的节奏。一个人独处的时光，阳光层层叠叠地洒在桌面上，让人一瞬间忘了曾经的阴霾与受过的伤。

电影《绿皮书》是我最近最喜欢的一部影片。

与惯常的种族问题电影不一样，它没有严肃乏味的讨论，反转了以往这类型电影两位主角的身份。黑人主角唐的优雅高贵，与白人主角托尼的粗鄙形成了一种有趣的对比。

唐有天赋、有名气、有财富，住在卡内基音乐厅楼上的公寓里，是受人追捧的殿堂级钢琴演奏家，却活得异常孤独。而托尼说话粗鲁、行为暴力，常常为生计发愁，靠着在夜总会做保镖为生，却拥有一个十分温馨的大家庭。

原本是两个八竿子打不着的人，因为唐要到“种族歧视”严重的美国南部巡演，需要有人做司机并保护自己的安全，于是通过别人介绍，找到了托尼。

到了当地，不管已经多么有身份，因为是黑人，唐只能住廉价的黑人旅店；在受邀的白人家里演奏，却不可以用他们的卫生间；在酒店演奏，却不允许在酒店的餐厅用餐；去酒吧消磨时间，却又遭到白人的欺凌暴打……

唐是孤独的，他的孤独在于他既不能融入黑人同胞的生活，也不能与白人和平相处，这些是当时的社会环境给唐造成的孤独，在他身上，还有另一层孤独，就是他自己。

唐是个非常精致考究的人，永远衣着得体，走路气宇轩昂，遵守着上层社会对自己的重重标准，也同样要求着身边的人。比如，面对歧视他的人，唐依然笑脸相迎；比如，当托尼在停车场偷了一块小石头时，他坚持要他还回去；比如，他看不惯托尼给家中妻子的信简单粗暴式的表达，便替他代笔，文辞情意饱满；再比如，他不能理解托尼直接用手拿起炸鸡吞进肚子里。他认为这些都是粗俗不体面的。

精致本没有错，但精致意味着很多“不允许”“不能做”。这样会强加给自己各种各样的标准，裹缚住自己，从而拒绝很多可能性，很多让自己快乐的机会，而把自己锁在一个名叫“得体”的城堡里。

城堡很美，但城堡冰冷又孤寂。

影片里让我印象最深的有两个片段。

一是托尼教唐用手吃炸鸡，唐一开始当然是拒绝的，但是在托尼的坚持下，唐勉强接过炸鸡，没有刀叉和餐盘让他有点不知所措，翘着兰花指咬下了第一口，然后越吃越开心。还学托尼把鸡骨头扔到车窗外。

野蛮吗？有一点。不礼貌吗？也有一点。

第二个片段是，唐在巡演的最后一场演出之后，和托尼一起来到一家黑人酒吧。里面的乐队或许不够专业,钢琴也不是唐指定的那一台,但在这间小小的黑人酒吧里，唐的即兴表演让他获得了前所未有的释放感，这更像是一种融入集体的幸福。

爽吗？真的爽。开心吗？也是真的开心。

我一直鼓励别人要独立，要活出自我，可是独立和自我并不代表你不需要陪伴，不需要亲密，不需要感知身边的一切，不需要面对自己的脆弱。过度享受孤独，或许恰恰是因为内心对陪伴的极度渴望而不得。过分的独立，其实也是不懂爱。

每个人，这一生有两件事是需要学习的，一个是独立自主的能力，一个是与世界发生联结的勇气。

《绿皮书》不仅诠释了孤独，还给出了孤独的解药。就是：人之所以孤独，是因为不敢迈出第一步。

希望我们能够独立,也不忘寻找同伴。希望我们不被苦难轻易打倒,也同样会示弱和求助。希望我们能够保有赚钱的能力，也能够安心享受被照顾的幸福。

我们向别人敞开自己内心深处的柔软，相信对方也相信自己，才能够建立起关于爱的联结。让自己内心充满活力，情感丰富而不再孤独无助。

这一路我们摸爬滚打，虔诚修行，是为了得到内心的成长、蜕变，从而变得充盈、有爱、谦和，而不是孤傲得难以接近。天下大赦孤独的人之前，你要先放过你自己。

每一句“我不怕”的背后都是恐慌，每一句“我很好”的背后都是心痛，每一句“我可以”的背后都是硬着头皮，人生真苦，可我们总是要自己给自己打气才行。

该来的始终会来，千万别太着急，如果你失去了耐心，就会失去更多。该走的路总是要走的，不要因为路上没人呼应就觉得自己走错了路，就算一直没人同行，也没什么不好，这条路上的风景是仅属于你一个人的，独一无二。

太圆满的故事讲完了，也就真的结束了。反倒是那些不完美的结局，在我们的心里反反复复，惦记多年。

闺密和男友在大学时是公认的一对，女孩貌美，男孩学霸。

毕业后，闺密的男友决定去大城市证明自己，并安慰闺密等自己稳定下来就带她过去。同学都打趣说他们是彼此的万能胶，再怎么样都不会分开。

起初两人每天短信不断，周末会视频通话，聊聊工作、电影和身边发生的新鲜事。这样的日子，并没有想象中那么难度过。可惜，和大部分老套的剧情一样，男友越来越忙，周末也要加班应酬。视频通话变成了每天晚上简单打一个电话，慢慢地，电话没有了，改发短信，到了最后，短信也变成了简单的几个字：

早安。

早。

晚安。

安。

再后来，连"早安""晚安"也渐渐少了，两个人默契地再也没有联系。说不联系，却没有彻底放下，说和好，却又真真切切地感受到了疏远。

在两人分手的半个月后，男友突然发来消息："我有个U盘好像落在你那了。"

闺密在对话框里打了字又删掉，最后发了一句："嗯，我给你送过去吧。"

她在心里打了好多遍草稿，想在见面的时候看看他最近过得怎样，想告诉他虽然自己不舍，但好聚好散挺好的，最后，感谢他曾给过她快乐的时光。

可很快，男友回："不用了，你帮我邮寄过来吧。"

闺密在心里叹了口气。

很多人的感情都会出现这样的情况，你觉得自己错了，又说不上错在哪里，你觉得对方变了，又追不上他的脚步。你甚至不知道，究竟发生了什么事让两个人渐行渐远，甚至不知道在哪一时刻自己的心境已经不如从前。再后来各自身边出现了新的人，你怀念过去，可并不能阻挡新生活的到来。

过去的一切是一场梦，叮的一声，梦醒了，一切不复存在。又好像是遥控器里的电池，一旦用完了，所有的功能也就全都游离出了你的掌心，他感受不到你的任何指令，所以，最后也只能选择结束。

不是每个故事都会有完美的结局，而大多数时候原本看起来天造地设的两个人，突然间就宣布了分手，最后连句再见也没有。再或者明明互相喜欢，却没能在一起，最后形同陌路，变成陌生人。那个让你对明天有所期待的人，根本就没能出现在你的明天里。那个曾经给了你一切的人，最后丢下你一个人离开了。那个曾经互相陪伴过的人，最后却散落在天涯。

誓言这种东西，是无法衡量坚贞的，也不能判断对错，它只能证明，在说出来的那一刻，彼此曾经真诚过。

在那之后，闺密告诉我说，比起与那个人有缘无分的可惜，她更遗憾的，是没能跟他好好告别，哪怕是一个拥抱。

太圆满的故事讲完了，也就真的结束了。反倒是那些不完美的结局，在我们的心里反反复复，惦记多年。学会把回忆放下或许没有那么难，难的是在故事的最后，我们都少了一句郑重其事的再见。

遗憾和失去，才是人生永恒的课题。告别比告白还要难，要是早知道要离别，朋友会不会更懂体谅，恋人是不是更温柔，家人是不是要给更多陪伴，对世界是不是更容易心存悲悯。机场比婚礼殿堂见证了更多真挚的亲吻，医院的墙壁比教堂聆听了更多的祷告。

世间真正的离别都是猝不及防的

接到家里电话的那天，我刚加完班从公司离开。

“姐，姥爷走了。”我听见妹妹在电话那头哽咽的声音。

“我知道了。”挂断电话后，我觉得车窗外的路灯格外晃眼，晃得我直流眼泪。脑子里像过电影一样闪出一帧又一帧有关姥爷的片段。

我 7 岁那年，姥爷会在送我上学的路上，偷偷给我买妈妈禁止我吃的爆米花给我解馋。

我抱着爆米花袋子跟姥爷走在路上，我吃一个，递给姥爷一个，他笑眯眯地看着我说：“你下午在学校跟你的小朋友把这些都吃掉，不要带回家让你妈知道我们偷偷买了这个。”

“放心吧姥爷，我是讲义气的。”

还有一次，学校举办了家庭接力跑。爸妈因为工作，都没能来参加。在我以为自己要被取消资格的时候，姥爷出现在了操场上，特意换了短衣短裤的姥爷看起来格外精神。

“姥爷，一会儿你把接力棒递给我，不要给错人了！”

“知道的，知道的，你就放心吧。”

我记得那天我们得了第一名，奖品是一个水壶，还有一个文具盒。我还记得因为这件事，姥爷还被妈妈责怪了一通，妈妈下班听说之后，吓得直掉眼泪：“一个学校的运动会，不参加就不参加了，您老人家跟着拼什么啊！一把年纪了，真跑出个三长两短，让我怎么跟家里人交代。”

姥爷不服气地说：“你这叫什么话，答应孩子的话就要说到做到，再说就我这身体素质，再跑个三圈都没问题。”

那个时候我就觉得，如果这个世上真的有超级英雄的话，那一定就是我的姥爷。

我 20 岁那年，买了两坨毛线，织了两条围巾。一条送给当时喜欢的男孩子，另一条送给了姥爷。

“姥爷，这是我送你的新年礼物，等我以后赚钱了，给你买更好的。”

“这个就挺好，暖和。”姥爷坐在床边，一边系围巾一边说。

大学的时候，我便离开了家，工作后，有时候一年只回家一次。每次妹妹放假回去看姥爷，姥爷都会问她：“你姐什么时候回来？”

妹妹便假装生气：“姥爷你也太偏心了吧。”姥爷就眯起眼睛笑。

这几年，每一次匆匆回家又匆匆离开，我都会和姥爷说：“等我下次回来。”他都会点点头。我在玄关穿鞋要走的时候，姥爷在沙发上，使劲撑着自己，跟我挥手。

唯独今年我们最后一次见面，“姥爷，你要按时吃药，我国庆假期就回来。”姥爷没有点头，我以为他没听清我的话，又重复了一遍，可他只是看着我，没有任何表情。

那天走的时候，我像往常一样，穿好鞋站在门口，回头看着他，只有那一次，他没有看我，而是背对着我躺着。

到现在我才明白，他应该是知道自己等不到我再回来见他了，所以他没有点头答应我。这个从小给我最多偏爱的倔老头，哪怕到临近告别的时候，他都不想骗我。

果然，要离开的人，自己是有预感的。

我以前觉得朋友圈里转发医学奇迹的人很蠢。什么查出绝症，隐居山林就好了；被送到火葬场突然又复活；谁谁谁用了哪些奇奇怪怪的偏方就彻底康复了。在听到姥爷离世的那一刻，我希望这些都是真的，期待总会有什么神奇的法子能救活他。

小时候我对死亡是无感的，看到电视剧里讲“人死不能复生，节哀顺变吧”也没觉得什么。直到长大后，经历过亲人的离世，才明白那种内心深处的钝痛和幻灭感。可能只差一秒，就已经遥远得再也见不到。

人生好像到了某个阶段后，生活就会开始给我们做减法。他们匆忙地从你生命里路过，从人生的列车到站下车，甚至还未叫醒酣睡的你。没有告别，没有拥抱。

你以为你会拥有的，偏偏就是消失得很快，快到你还来不及眨眼睛就溜走了。所以你知道了吧，电影里演的大多是骗人的。真正的离别没有电影里的催人泪下，也没有含泪追火车的情节。这世间真正的离别都是猝不及防的，死亡也是必然会降临的环节。

想起电影《寻梦环游记》里，人在死亡后，会在另一个世界存在着，而且有着丰富的生活。他们会在每年亡灵节那天，走过往生桥，回到家中与亲人团聚。最重要的事，是逝者知道，他们仍然被活着的人所铭记。

记忆是灵魂的DNA，所以我想，姥爷也会在某个节日，踩着铺着鞭炮碎屑的路，回到我们身边，回到他倾注了一生记忆的地方。

如果每个人都是一颗小星球，逝去的亲人就是我身边的暗物质。我知道再也见不到他们，但他们的引力仍在。感激曾经彼此光芒重叠，而他们永远改变了我的星轨。纵使不能再相见，他们仍是我所在星系未曾分崩离析的原因，是我宇宙之网的永恒组成。

姥爷，您比我早来这世界很多很多年，去下一个地方，肯定也要先去的，虽然我们会失散很久很久，在这很长的时间里，爆米花不会再好吃，接力赛不会再热闹。但我知道，缘分很奇妙，我会好好生活，等再相见的时候，你问我后来人间如何，我会告诉你，一切都很好，唯独时常想念您。

永远不要忘记那个已经离开我们的人。只要他还在你心里，就不叫死亡。他们也许真的在另一个世界，等着你去怀念他。

在一档综艺节目里，44 岁的朴树在现场演唱《送别》。歌曲的前半段，朴树还算平静，可唱到“情千缕，酒一杯，声声离笛催”时，他突然情绪失控，声音哽咽，然后转过身去，掩面大哭。

哭完以后，他没办法继续演唱，示意和声继续。他捧着话筒虚晃着身体，似乎锥心的往事涌上心头，令他万分悲痛。

那段视频下面有人说朴树太矫情，这也值得哭。我倒是很羡慕那些听不懂的人。真希望你们如今风华正茂，依然不懂离别的悲伤。不懂也好，这辈子都不要懂最好。

一辈子不长，拜托你主动一点

与其等着生活去逼你，不如你去逼自己，主动地往前走。爱情和工作，都需要你主动，才会有故事。

跟贝贝约了下午茶，她聊起最近公司新进的实习生。

上周一，贝贝同部门的人去客户公司谈广告推广方案。到了会议室，贝贝才得知这次主讲的组长因为突发肠炎进了医院，客户对此十分不悦，埋怨他们考虑不周，没有做应急准备，白白浪费大家的时间。

那天和贝贝一起去的恰巧又都是几位实习生，大家都清楚，刚进入职场的实习生大多是小透明，参与工作时基本上都是听和看。但让贝贝意外的是，实习生小艾向对方客户举手示意：“这次要展示的推广方案，我电脑里有备份，组长在制订新的方案时，我也参与整个修改流程，我们公司对同贵司的这次合作十分看重，作为新人的我对这版新方案也很有信心，所以恳请您，可不可以再给我们一次机会？”

客户虽然有些不耐烦，但还是同意让她试试。贝贝没别的办法，也点头同意她试一次。

在讲解这次方案的过程里，小艾的声音几乎都是带着些颤抖的，这也不奇怪，初出茅庐的小姑娘，在突发状况下，能鼓起勇气在这么重要的会议里担任主要角色，自然是会紧张的。

至于那次合作是否成功，贝贝没有提。她叉了一小块蛋糕送进嘴里说：“其实当时，我们每个人的电脑里，都有备份方案，但只有这个女孩主动站了起来，我还真的蛮惊讶的。我们刚刚工作的时候，遇到这样的事，第一反应就是害怕，怕自己出错，怕承担责任，现在的小姑娘，真的好厉害呀。”

说完，我们两人都笑了起来。

从那之后，贝贝对小艾的关注不自觉地多了起来。她发现小艾和同一批被录用的几个实习生不太一样。她每周会有一到两次，主动敲开领导办公室的大门。隔着透明的玻璃窗，虽听不见他们谈话的内容，但是不难发现，每一次她总在神采飞扬地和领导交流着什么。

某次有同事正好进领导办公室送稿件，回来说小艾谈吐激昂、精神饱满，可内容无非就是一些日常工作的汇报。

在我们的传统观念里，向来崇尚低调、内敛、谦虚。以至于那些高调的、外放的、主动争取的人，多少显得有些“另类”。大家会觉得这类人“太爱表现自己”“愿意出风头”，同他们的关系也越来越疏远。

人们总是对“和自己不一样”的人，保持着本能的拒绝和敌意，而习惯和与自己相似的人抱团，但这是在把自己陷入更大的被动里。

没过多久，公司有一个去香港学习交流的机会。当大家正琢磨着如何争取这个机会的时候，上层领导其实已经决定小艾为最佳人选。大家虽然嘴上不说，但心里都知道，这和平时的工作表现是分不开的。

贝贝说，领导选小艾的原因她很赞同，如果换作是她，她也会推荐小艾。领导说：

“我知道公司里每个人都想要这次学习交流的机会，可主动找我提出想要出去进修学习的却只有小艾一个，有机会就去争取，这样的人我为什么不选呢？”

职场上积极主动的小艾，在短时间内已经甩开很多新人几条街了。

对事情缺乏计划，面对机遇又没有主动的意识，工作习惯懒散又拖拉。除非你是神，否则事情永远不会做得比别人漂亮。更何况，哪有什么自动发生的事，都是背后主动努力争取的结果。

同学小麦大学毕业就去了很多同学心仪已久的动漫制作公司。据悉，那家公司招聘条件特别高，不仅要求高校学历、提供在校成绩单，面试环节更是十分严苛，所以大部分同学都只是远观而已，并没有发出求职简历。

小麦并不是一流大学毕业，单是学历这一项就会被刷下来，可小麦居然通过了层层考核，成功进了那家公司，还参与了最新一季动漫的制作。

比起羡慕嫉妒，我们更好奇的是她究竟是如何通过考核的？

小麦说，她当时跟很多同等资质的人一样，简历石沉大海。但是因为太想得到这个机会了，实在不甘心，她便带着自己最新的几组作品，主动去了那家公司，不过因为没有预约被前台拦下，可小麦依然没放弃，她在那家公司门口徘徊等待，想着只要能有机会让他们看一眼她的作品，就算争取不到工作机会，也足够了。

下班时间，小麦盯着来来往往的人胸前的工牌，当她终于等到“设计部总监”的时候，小麦整理下衣服，便大方地走上前打招呼：“您好，我知道这样有些冒昧，但我对贵公司一直很憧憬，也很希望能有进入贵公司学习的机会。这是我的作品，耽搁您几分钟的时间，请您看一下。”

总监接过小麦的作品和简历，说了一句：“小姑娘很有勇气啊。”便走了。一周后，小麦接到了该公司人事部的电话，通知她参加面试。

小麦是有才华的，但有才华的人很多，却不一定有她这样的运气。但这个运气不是偶然，而是寻着她的勇敢而来的。

好运气不都是免费赠送，有些是自己捞回来的。积极进取的人，连上帝也会对他网开一面。

有这样一段话：许多人从校园到职场，一直都是老老实实，或者换句话说叫作“太被动”。完全按照所谓的既定规则做事，时间长了，灵活变通的思维消耗殆尽，低头只瞧得见黑漆漆的沟渠，浑身散发出呆板的味道。

你人生里的每一个主动，都有可能会帮你争取到自己喜欢的东西。

这个世界上的资源，更容易向那些“不老实”的人倾斜。他们似乎总是精力旺盛，时刻准备。为了达到目的，他们会质疑原有的规则，甚至改写规则。

当你面对内心热烈渴望的东西时，不要因为不符合要求而匆匆离场，至少再试一次，站在对方面前说一句：“希望您再考虑一下。”或许你会发现，这个让你寝食难安的困难，在你主动争取后，似乎变得没有你预想得那么难以克服。而你也可能因此，收获意想不到的结果。

对既定规则麻木般的遵守，在某些时刻会成为我们成长的绊脚石。而主动的人，才是真正赚到人生主动权的人。

你当下走的每一步，都是在选择你的未来，记录自己的历史。所以，不要小看你对每件事情的态度。用积极主动的态度对待生活，生活自然也不会亏待你。相反，对人对事拖拖拉拉，应付了事，即使命运有意为你安排了难得的好机会，它也会在你浑浑噩噩的日子里，悄无声息地溜掉。

爱情里的主动是一门技术活，比如说“搭讪”。

有的人搭讪，会让人感觉像是传销组织来骗人了，可有的人搭讪，他走过来的瞬间就会让人心动。

晚晚是我们宿舍第一个敢主动递纸条给学长的人。

那天我在图书馆温书，下午晚晚过来找我一起去食堂吃饭。我收拾东西准备走的时候，不小心碰倒了学长的水杯，我和晚晚连忙扶水杯道歉。

从图书馆出来后，晚晚说：“刚刚那个学长好帅，如果下次在图书馆还能遇到他，我要跟他要电话号码。”

我调侃她：“怎么我撞倒学长的水杯，还把你心里的小鹿撞出来了？”

本以为晚晚只是开玩笑，没想到从第二天起，晚晚每天都和我一起去图书馆，而且一定要坐在那天遇见学长时坐的那一排。谁知道是不是应了那句“功夫不负有心人”呢，在第五天的时候，我们真的碰见了那位学长。

“你真要给学长递纸条？”

“当然。”

“那你要写什么呢？”

“先把我电话留给他再说。”

一整个下午，我和晚晚都处在一种说不清楚的心情中，大概是小紧张、小胆怯和小期待糅杂在一起。准备离开图书馆的时候，晚晚拿出散粉和口红补妆。经过学长时，晚晚笑意盈盈地把这张纸递给了他，并做了一个 Call me 的手势。还像《大话西游》里紫霞仙子那样眨巴了一下右眼。我顿时在心里感叹：“妙啊！”

那天晚上，宿舍几个女孩围着晚晚的手机坐了一圈，那种场景你们都能脑补得到吧，晚晚是超级期待，我们是超级八卦。皇天不负有心人，学长真的发来短信：晚同学你好，我是生物系的 ×××。

集体尖叫。

然而，结局并不如我们所想。晚晚和学长虽然有了联络，却没有因为她的主动告白，得到他的“我也喜欢你”。

生活总是充满了奇妙的反转，晚晚大方开朗、积极可爱的性格反倒让他们两个人成为了朋友。因为生物系经常有户外学习，学长知道晚晚感兴趣，就经常叫着晚晚跟他们小组一起参加。

值得一提的是，晚晚现在的未婚夫，就是那时候在户外学习小组认识的。

其实，很多女孩在感情里都有过这样的困惑：“我该不该主动一点？

如果他不喜欢我，会不会很伤自尊？就算在一起，他也不会珍惜我吧。如果他不喜欢我，我怕主动了却落到连朋友都不得做。”

就像我那不争气的闺密老苗，人送外号“小王祖贤”。

211 硕士，双商在线，有颜有钱，身边从不缺少追求者。一个偶然的机会，她终于遇到了让她一见钟情的男孩儿。

相处下来，她觉得男孩儿对她也有好感。只是从上周开始，男孩主动找她的次数越来越少，她也很默契了，从不主动打电话或微信联系人家。

“你可以联系他啊，何必在这儿胡思乱想？”我气不打一处来。

她摇摇头说：“我再等等，也许他先找我呢。”

老苗是那种哪怕心里再怎么翻江倒海，也从不会主动联系别人的人。她习惯了待在自己的世界里，性格细腻又内向，偶尔看电视剧也能泪流满面，听歌听开心了就轻轻跟着唱，可能她一天说的话，都不如哼的歌词多。

但她并不是特别享受一个人的自由的那种人，只是她从小就比别人更独立，没有多少人、多少事真正走进过她的内心，她也从未真正跟谁产生过情感联系。

也因此，当有人主动接近她，慢慢地向她靠近，随着对方对她影响的增加，她会有更多的期待，可一旦对方的表现低于她的期待，她就会失落，赶快钻回自己的蜗牛壳里，渐渐把关系拉开，再次回到自己安全的、不被打扰的世界。

不联系不代表她不在乎，只是一种惯性，她没有养成主动关怀的习惯，那种嘘寒问暖的话当然说不出口。习惯了不期而至，就不敢主动邀约了。

有些人的寂寞不是因为等待一个人的出现，而是那个人早已出现，他们在等待那个人主动。

听说，那个男孩儿找到了那个走进他生活的女孩，可惜那个女孩并不是老苗。老苗当然很失落，把自己等得患得患失，等得怯懦失意。对方可能也会很遗憾，可能他们两人恰巧就是同一类人，都不敢靠近，都在焦虑等待。

很多感情，始于心动，止于被动。

你口中的等待好时机，听起来很美，却更像七分自我逃避，三分自欺欺人。明明是自己错付心力做遍无用功，却误以为对方不领情。

等得太久，关注点就会跑偏，非得处心积虑去证明，你是他世界里的唯一；因为等得太功利，所以越来越疲惫，妄图用对他人的控制，填补自己缺失的心意。

人和人关系的改变需要一个破局者，你为什么就不能当那个破局者呢？

主动不丢脸，被动也一点不清高。不管是谁，只要主动一点点，或许就能心想事成，为什么你就不能做先迈步子的那一个呢？即便不如所愿，你又怎么知道命运不会为你准备了其他的惊喜呢？

与其等着生活去逼你，不如你去逼自己，主动地往前走。爱情和工作，都需要你主动，才会有故事。

△ 少年真正成人的那一刻，大概就是对家人，你会惦记、想念，渴望从他们那里得到抚慰，把他们放在内心最柔软的地方。即便是这样，你却无比清楚，纵然爱他们，却再无法同他们心无芥蒂地谈天，或长久地生活在一起。

△ 不是所有的错误都可以被原谅，也不是所有的伤痛都可以被抚平，总有时间也无能为力的事。

△ 不要因为孤独就去找一些不适合自己的娱乐方式，迎合一些不属于自己的群体，爱一些不愿触碰的灵魂。

△ 把抱怨的话先扔进草稿箱放一夜，如果第二天早上醒来还是想发，那就发吧。不过基本上，你都会删掉的。

△ 人这一生，一切关系的疏远和割裂，都是为了和过去的自己分手，快速跑向未来的自己。

!!!

FONGHONG
凤凰联动出品